Zu diesem Buch

Die Farben des Himmels: das Blau bei Tag, das Schwarz der Nacht, und die allgegenwärtige Hintergrundstrahlung – der «kosmische Himmel» – sind Folgen der Tatsache, daß unser ins Unendliche expandierendes Universum einen Anfang gehabt hat. «Der *dunkle* Himmel», schreibt der Autor, «sagt uns, daß die Ewigkeit einmal begonnen hat. Der *kosmische* Himmel sagt uns, daß sich zu einem bestimmten Zeitpunkt Strahlung und Materie getrennt haben – die Voraussetzung dafür, daß es im Weltall Strukturen und Leben gibt. Der *blaue* Himmel sagt uns, daß das Licht der Sonne durch die Erdatmosphäre gestreut wird, jene Strahlungsenergie, von der alle Organismen leben. Sie gewinnen ihre Ordnung und Organisation aus der negativen Entropie im Licht unseres Muttersterns.»

Der Autor

Tor Nørretranders, Jahrgang 1955, lebt in der Nähe von Kopenhagen und ist der bekannteste Wissenschaftsjournalist und Sachbuchautor seines Landes. Sein neuestes Buch «Mærk verden» (über das menschliche Bewußtsein) hielt sich 1991/92 monatelang auf Platz 1 der dänischen Bestsellerliste. Auf deutsch erschien bei Rowohlt der von ihm herausgegebene Band «Hingabe».

Tor Nørretranders

Der Anfang der Unendlichkeit

Essay über den Himmel

Mit einem Gedicht
von Ivan Malinowski

Deutsch von Alken Bruns

rororo

Rowohlt

rororo science
Lektorat Jens Petersen

Deutsche Erstausgabe
Die Originalausgabe erschien 1987
im Verlag Munksgaard, Kopenhagen,
unter dem Titel «Den blå Himmel»
Umschlaggestaltung Barbara Hanke
Illustrationen Hans Baumer

Veröffentlicht im Rowohlt Taschenbuch Verlag GmbH,
Reinbek bei Hamburg, Mai 1993

Satz Sabon (Linotronic 500)
Gesamtherstellung Clausen & Bosse, Leck
Printed in Germany
990-ISBN 3 499 19528 3

Inhalt

Anfang
7

Der dunkle Himmel
11

Der kosmische Himmel
39

Der blaue Himmel
59

Der siebte Himmel
87

Die Langmut des Lichts
(Gedicht)
109

Literatur
113

Anmerkungen
115

Register
119

Anfang

Was versetzt uns so ruhig, behutsam und sicher in freudige Stimmung wie ein blauer Himmel? Kennen wir etwas anderes, das uns mit einem einzigen Aufleuchten Lebenskraft und Tatendrang schenkt und gleichzeitig Ruhe und Gegenwärtigkeit?

Wenn wir uns auf einer farbenfrohen Sommerwiese ausstrecken und friedlich zum blauen Himmel hinaufschauen, können wir dann anders als uns darüber wundern, daß uns dieser blaue Himmel soviel Freude macht? Ist es nur, weil ein blauer Himmel Sonnenschein und schönes Wetter bedeutet? Felder, die Licht, und Körper, die Wärme bekommen? Oder ahnen wir mehr, wenn wir den Himmel grüßen?

Im Folgenden geht es um die Frage, was man daraus lernen kann, daß der Himmel – selbst wenn Wolken ihn verdecken – blau ist. Es ist nicht beabsichtigt zu erklären, warum wir Menschen so froh sind über den blauen Himmel, denn das läßt sich im Rahmen des modernen naturwissenschaftlichen Weltbilds nicht erschöpfend beantworten. Aber die Naturwissenschaften können eine Reihe von Tatsachen erklären, die eng damit zusammenhängen, daß der Himmel blau ist.

Einige sehr fundamentale Eigenschaften der Welt, die wir bewohnen, lassen sich tatsächlich schon dadurch begreifen, daß man Betrachtungen über das Aussehen des Himmels anstellt.

Eine Frage hat die Astronomen jahrhundertelang beschäftigt: Warum ist der Himmel nachts dunkel? In einem unendlichen Universum voll strahlender Materie in den Sternen müßte der Raum mit Licht gefüllt sein, und der Himmel müßte hell sein wie die Sonne, da man überall den Schein einer Sternensonne sehen würde. Es hat einige hundert Jahre gedauert, bis dieses Rätsel, das man das Olberssche Paradox nennt, gelöst wurde – übrigens nicht von einem Astronomen, sondern von dem Dichter Edgar Allan Poe.

Der angloamerikanische Astronom Edward R. Harrison (dem ich für seine Hilfe bei den Vorarbeiten zu Kapitel 2 danke) hat das Olberssche Paradox über Jahrzehnte zu seinem Arbeitsgebiet und Hobby gemacht. Das Ergebnis seiner Untersuchungen: Der dunkle Nachthimmel erklärt sich daraus, daß das Alter des Universums endlich ist, also aus der Tatsache, daß es die Welt nicht immer gegeben hat. Was wir zwischen den Sternen sehen, ist das Dunkel aus der Zeit vor dem Anfang.

Dieses Dunkel der Nacht ist Voraussetzung dafür, daß der Tageshimmel blau sein kann, wenn das Licht unseres Sterns, der Sonne, von der Atmosphäre unseres Planeten gestreut wird. Doch ist für das Himmelsblau darüber hinaus auch eine bestimmte Zusammensetzung der Atmosphäre nötig. Die Atmosphäre unseres Planeten hat diese richtige Zusammensetzung. Hätte unsere Erde aber auch dann diese Atmosphäre, wenn es kein Leben auf ihr gäbe? Diese Frage kann mit hoher Wahrscheinlichkeit verneint werden. Ohne Leben kein blauer, sondern eher ein gelblicher Himmel (ich danke Jim Lovelock und Carl Sagan für ihre Hilfe bei der Untersuchung dieser Frage, die in Kapitel 4 behandelt wird).

Daß die Ewigkeit einen Anfang gehabt hat, unser Universum also entstanden ist, ist für die Astronomie in den letzten Jahrzehnten fast zur Gewißheit geworden. Der Grund ist die Entdeckung der kosmischen Hintergrundstrahlung Mitte der sechziger Jahre – die Entdeckung des kosmischen Himmels, wenn man so will. Der kosmische Himmel, der das Thema von Kapitel 3 ist, zeugt davon, daß das Universum sich ausdehnt – eine Tatsache wiederum, die Bedingung dafür ist, daß es auf der Erde Leben geben kann.

Daß also die Welt einen Anfang gehabt hat, ist Ursache für den dunklen Himmel, und dieser bildet den richtigen Hintergrund dafür, daß das Leben auf der Erde, das durch die Expansion des Weltalls ermöglicht wird, eine Atmosphäre hervorbringen kann, die so beschaffen ist, daß sich ein blauer Himmel über uns wölbt.

Unter diesem blauen Himmel können die Menschen nun darüber nachdenken, ob es Zeit ist, gen Himmel zu fahren und den Weltraum zu erobern. In den letzten dreißig Jahren haben Naturwissenschaftler seriös über die Möglichkeit gesprochen, mit intelligenten Wesen draußen im All in Kontakt zu treten. Mehr als Worte sind dabei nicht herausgekommen – hier unten bei uns. Manche Astronomen haben ein Argument ins Feld geführt, das seiner Struktur nach dem Olbersschen Paradox ähnelt: Wenn sie dort draußen wären, wären sie schon hier unten; sie sind es aber nicht, also gibt es sie auch nicht.

Dieses Argument beweist scheinbar, daß wir die einzigen intelligenten Wesen im Universum sind. Scheinbar. Denn hinter dem Argument steht die Annahme, daß zivilisierte Wesen danach streben werden, den Raum um sich zu erobern. Und diese Annahme dürfte falsch sein. Aber wie wir im letzten

Abschnitt dieses Essays sehen werden, zwingt sie uns doch zu der Erkenntnis, daß das Leben in diesem Universum eher dazu neigt, die Farbe des Himmelsgewölbes zu betrachten, als dazu, gen Himmel zu fahren.

Und das ist keine geringe Erkenntnis.

Ich danke Per Kjærgaard Rasmussen, Peder Voetmann Christiansen, Aksel Wiin Nielsen, Jørgen Steen Nielsen und Ivan Malinowski für kritische Kommentare zur ersten Version des nachfolgenden Essays. Ein besonderer Dank geht an Ivan Malinowski, der präzisiert hat, warum die Vorstellung eines Anfangs der Vernunft nicht akzeptabel erscheint – obwohl uns der blaue Himmel zu der Einsicht zwingt, daß es einen Anfang gegeben hat.

Ich wünsche anregende Lektüre.

Tor Nørretranders
Kopenhagen, im Juli 1987

Der dunkle Himmel

Man nennt es das Olberssche Paradox, obwohl es nicht von dem Astronomen Wilhelm Olbers erfunden wurde und im übrigen auch kein Paradox ist.

Aber ein Rätsel ist es – und Olbers ist einer der vielen, die einen Blick für seine Bedeutung hatten: Wie ist es möglich, daß nachts Dunkelheit herrscht, wenn das Universum unendlich ist?

Das mag vielen gar nicht so rätselhaft erscheinen. Denn es gibt zwar eine Menge Sterne, aber sie sind auch sehr weit entfernt. Wenn alle Sterne den gleichen Abstand zu uns hätten wie die Sonne, wäre klar, daß der Himmel nicht dunkel werden könnte, denn so viele Sonnen können ja nicht gleichzeitig untergehen und sich hinter der Erde verstecken, so daß es Nacht wird. Aber die Sterne sind weit weg. Da ist es nicht sehr erstaunlich, daß die Nacht dunkel ist.

Und doch, es *ist* erstaunlich, denn die Sterne sind zwar weit weg, aber sie sind auch sehr zahlreich. Eine Variante dieses einige hundert Jahre lang aktuell gebliebenen Problems lautet: Wäre das Universum unendlich und wären die Sterne gleichmäßig verteilt, sähen wir, einerlei, in welche Richtung wir blickten, immer einen Stern. Unser Blick würde immer, wenn wir zum Himmel schauten, direkt auf die Oberfläche eines Sterns treffen.

Hier könnte man sofort einwenden, die fernen Sterne seien sehr klein, so daß sie sehr wenig Platz einnehmen und von hier aus gesehen sehr wenig leuchten. Aber wenn man eine Menge kleiner, weit entfernter Sterne zusammenlegt, erhält man ein dichtes Gewebe ferner Sterne.

Eine gute Analogie ist der Wald. Wenn er sehr groß ist, muß der Blick in jeder Richtung auf einen Baumstamm (oder einen Zweig) treffen. Die meisten Bäume sind zwar weit entfernt, so daß sie nicht besonders groß aussehen, aber viele kleine Baumstamm-Bilder können den Platz ohne weiteres ausfüllen. Die Bäume sehen immer kleiner aus, je weiter sie entfernt sind, aber ihre Zahl nimmt auch entsprechend zu. Wohin man also blickt, man sieht immer einen Baum, vorausgesetzt, der Wald ist groß genug. Vor lauter Bäumen kann man nicht aus dem Wald hinaussehen.

Dieses Argument läßt sich leicht in ein kleines Modell umsetzen, das das Problem deutlich macht.

Wir haben eine Welt voller Sterne. Die Sterne sind gleichmäßig im Raum verteilt. Der Raum ist unendlich.

In der Mitte dieser ganzen Unendlichkeit sind wir selbst und schauen hinaus. Wir versuchen auszurechnen, wieviel Licht von dort draußen zu uns kommt. Von unserem Standpunkt aus gesehen ist es natürlich, den Raum ringsherum in die Schalen einer Kugel einzuteilen. Erst eine innere Schale, dann eine ganze Reihe von Schalen um die innere Schale herum. Die Schalen haben alle die gleiche Dicke, etwa wie die Schalen einer Zwiebel.

Rechnen wir als nächstes aus, wie viele Sterne in jeder Schale sind. Die Anzahl der Sterne wächst mit der Oberfläche der Schale. Multipliziert man die Oberfläche der Schale mit ihrer Dicke – die bei allen Schalen gleich ist –, erhält man den

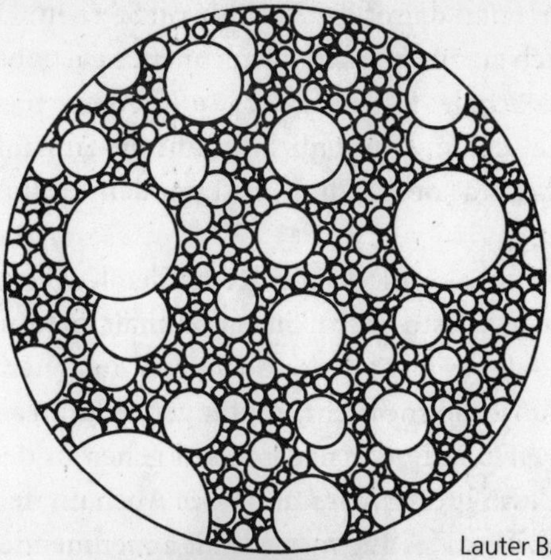

Lauter Bäume

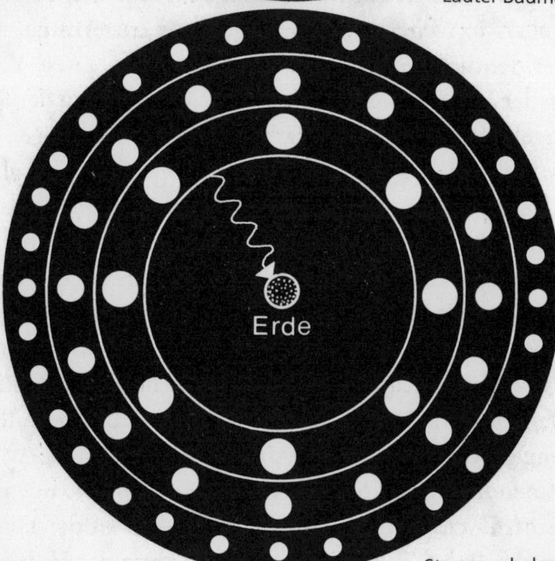

Sternenschalen

Rauminhalt und damit die Anzahl von Sternen. Die Oberfläche läßt sich ziemlich leicht ausrechnen, sie ist abhängig vom Radius der Schale. Je größer der Radius, desto mehr Sterne in jeder Kugelschale. Tatsächlich nimmt die Anzahl der Sterne um das Quadrat des Radius, also um den Radius in zweiter Potenz, zu.

Je weiter wir somit in der Reihe der Kugelschalen nach außen gehen, desto mehr Sterne enthält jede neue Kugelschale.

Aber wieviel Sternenlicht empfangen wir nun aus jeder Kugelschale? Je weiter wir nach außen gehen in der Reihe der Schalen, desto größer wird auch der Abstand der Lichtquellen zu uns. Und das Licht wird mit zunehmendem Abstand schwächer. Je weiter ein Objekt von uns entfernt ist, desto weniger deutlich nehmen wir sein Licht wahr. Diese Verringerung der Lichtstärke, je weiter nach außen wir in der Reihe der Kugelschalen gehen, erfolgt ebenfalls im Quadrat des Abstands.

Die beiden Vorgänge sind gegenläufig, sie heben einander auf: Eine ferne Schale enthält mehr Sterne als eine nahe, aber das Licht aus der fernen Schale ist entsprechend schwächer, von uns aus gesehen. Sowohl die Anzahl der Sterne als auch die Schwächung des Lichts nehmen im Quadrat des Radius der jeweiligen Kugelschale zu, so daß wir im Endergebnis genau gleich viel Licht aus jeder dieser Kugelschalen im Raum empfangen.

Bei unendlich vielen Schalen empfangen wir also unendlich viel Licht. In einem unendlichen Universum ist der Himmel blendend hell, bei Tag und Nacht. Also kann das Universum nicht unendlich sein.

Keplers Klügelei

Genau aus diesem Grunde wurde das Rätsel des dunklen Nachthimmels aufgestellt: um zu zeigen, daß die Vorstellung eines unendlichen Universums verkehrt ist.

Johannes Kepler, der von 1571 bis 1630 lebte, gilt mit Recht als einer der Begründer des modernen Weltbildes. Er zeigte als erster die Gesetze auf, nach denen die Planeten sich um die Sonne bewegen, womit entschieden war, daß Kopernikus recht gehabt hatte: die Sonne, nicht die Erde, war nunmehr das Zentrum der Welt.

Aber Kepler hielt nichts von der Vorstellung eines unendlichen Universums, die mit der kopernikanischen Revolution aufkam. Im Jahre 1610 schrieb er einen Brief an seinen Kollegen Galileo Galilei, in dem er seine Unzufriedenheit mit dieser Idee zum Ausdruck brachte. Der Brief erschien später als kleines Buch, und in ihm finden wir das Problem des dunklen Himmels im unendlichen Universum zum erstenmal klar dargestellt. Keplers Schlußfolgerung war eindeutig: Der Himmel ist dunkel, und deshalb ist das Universum nicht unendlich. Wir sehen nicht überall Bäume, wir sehen Zwischenräume zwischen ihnen. Und die Zwischenräume sehen wir, weil der Wald aufhört, ehe genügend Bäume da sind, um das Blickfeld auszufüllen.

Damit war natürlich nicht die Frage beantwortet, was denn am Ende des Sternenwalds ist; für Kepler aber war damit bewiesen, daß sich die Vorstellung einer Unendlichkeit nicht halten läßt.

Die Geschichte des Rätsels, warum der Nachthimmel dunkel ist, ist also in Wirklichkeit die des Unbehagens an der Vorstellung eines unendlichen Universums. Und teilt nicht die Mehrzahl von uns dieses Unbehagen spontan? Wenn jemand kommt und sagt, die Vorstellung einer Unendlichkeit sei ohne weiteres eingängig, erscheint er mir ungefähr so glaubwürdig wie einer, der behauptet, er verspüre beim Fliegen nicht die leichteste Unruhe: Hat er wirklich in sich hineingelauscht?

Umgekehrt ist auch mit der Vorstellung eines *endlichen* Universums Unbehagen verbunden: Was schließt dann das Universum ab? Eine Mauer, eine Rabatte oder ein Abgrund? Und was ist hinter der Mauer, hinter der Rabatte oder in der Tiefe des Abgrunds?

Es gibt eine Version eines endlichen Universums, in der dieses Problem gelöst ist: die Version, daß das Universum unbegrenzt, aber in seinem Umfang endlich ist. Wie die Oberfläche einer Kugel, zum Beispiel die eines Globus. Sie ist unbegrenzt in dem Sinne, daß man nie auf eine Mauer, eine Rabatte oder einen Abgrund stößt, einerlei, wie lange man auf der Oberfläche der Kugel dahinspaziert. Gleichzeitig ist sie endlich; die Erdoberfläche hat eine bestimmte Größe, obwohl man um die Welt reisen kann, sooft man will, ohne an andere Grenzen als diejenigen zu stoßen, die von Menschen errichtet worden sind. Aber das Modell eines solchen Universums, das endlich ist und doch unbegrenzt, kommt nach wie vor mit dem Olbersschen Paradox in Konflikt. Denn wenn man in ein solches Universum hineinschaut, kann man sich im Prinzip selbst von hinten erblicken, wie man in das Universum schaut. Das Licht läuft in einem endlichen, unbegrenzten Universum im Kreis. Wenn man weit hinausschaut in ein solches «geschlossenes» Universum, sieht man nicht beliebig viele Sterne, denn das Universum ist nicht unendlich groß, aber man sieht dieselben Sterne beliebig oft. Je stärkere Fern-

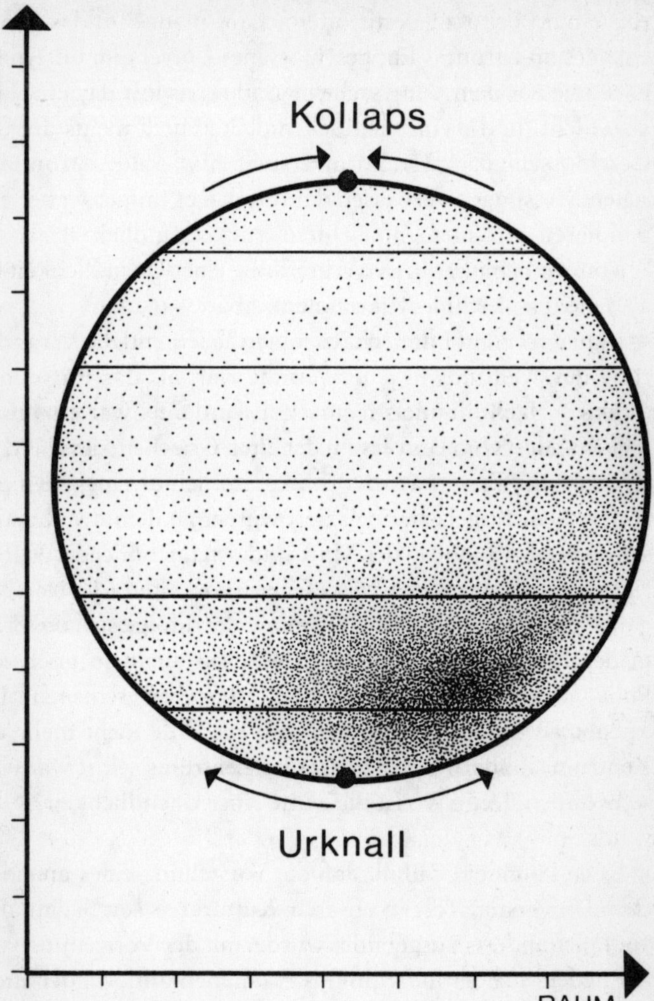

Endlich und doch unbegrenzt

rohre man benutzt, desto öfter schaut man «um das ganze Universum herum». Ein geschlossenes Universum unterliegt nach wie vor dem Olbersschen Paradox. Es löst das Problem also nicht (und davon abgesehen deutet auch nichts auf die Geschlossenheit unseres Universums hin – alle astronomischen Messungen verweisen darauf, daß es immer weiter expandieren wird und somit «offen», also unendlich ist).

Vom Unbehagen an der Vorstellung einer Unendlichkeit ist also nicht so leicht loszukommen.

Man darf nicht unterschätzen, wie bedeutend die Veränderung des Weltbilds in jener Periode war, als das Rätsel des dunklen Nachthimmels formuliert wurde. Es war ein enormer Wandel: vom Universum der alten Griechen, dessen Mittelpunkt die Erde war und dessen Sterne auf einer kleinen, rotierenden Kugelschale plaziert waren, zu dem der Renaissance mit der Sonne in der Mitte und den unendlichen Weiten ringsherum. Man kann es so sagen: Im «alten» Universum gab es eine eindeutige Rangordnung, derzufolge sich die Erde in der Mitte befand und die Menschen auf dem höchsten Punkt der irdischen Stufenleiter zu stehen schienen. Im «neuen» Universum war nicht nur die Erde nicht mehr im Zentrum, sondern der Begriff eines Zentrums selbst war verschwunden. Denn wo ist die Mitte einer Unendlichkeit? Nirgends.

Es ist kaum ein Zufall, daß die Vorstellung eines unendlichen Universums, die in unserem Kulturkreis seit Beginn des 16. Jahrhunderts ausgebildet wurde, mit der Vorstellung von der Bedeutung des Individuums zusammenfällt. Mit der alten feudalen Agrargesellschaft ging es bergab, und die Stellung des Menschen war nicht mehr mit seiner Geburt gegeben. Soziale Mobilität versetzte das Individuum ins Zentrum. Das stimmte gut überein mit dem neuen Weltbild: In einem unendlichen Universum gibt es kein Zentrum. Jeder Punkt liegt ebenso zentral wie jeder andere. Der einzelne Mensch kann sich selbst zum Zentrum des Universums machen. Wenn man von dem wenig anschaulichen Begriff einer Unendlichkeit und dem Fehlen eines Zentrums absieht, erscheint die Vorstellung, man selbst sei das Zentrum, ebenso richtig wie jede andere Zentralperspektive.

Die Unruhe, die die Vorstellung einer Unendlichkeit hervorrief, veranlaßte viele dazu, sie zurückzuweisen. Und Kepler hatte mit seinem Argument vom Aussehen des Nachthimmels offenbar eine gute Karte in der Hand.

Zahlreiche Astronomen versuchten in den folgenden Jahrhunderten, das Rätsel zu lösen, das Kepler aufgestellt hatte (worin ihm übrigens, wie Historiker gezeigt haben, der Engländer Thomas Digges 1576 vorangegangen war).

Der berühmte Astronom Edmund Halley – bekannt vor allem durch den Kometen, der nach ihm benannt worden ist – versuchte es 1720 mit der Erklärung, es gebe zwar eine Menge Sterne, doch leuchteten diese so schwach, daß wir sie nicht sehen. Auf dieses Argument ist nichts zu geben, denn das Licht einzelner Sterne, das jeweils selbst zu schwach ist, um sichtbar zu sein, läßt sich sehr wohl zu etwas Sichtbarem addieren. Wenn wir die Bahn der Milchstraße am Himmel betrachten, sehen wir in Wirklichkeit das Licht einer Menge von Sternen; den einzelnen Stern nimmt unser Auge nicht wahr.

Der Schweizer Astronom Jean-Philippe de Chéseaux versuchte 1744 das Rätsel dadurch zu lösen, daß er einen die Räume zwischen den Sternen durchziehenden Stoff postulierte, der das Licht der fernen Sterne aufsauge, etwa so, wie ein Nebel die weiter entfernten Bäume in einem Wald unsichtbar macht.

Aber auch dieser Lösungsvorschlag hält einer Prüfung nicht stand, wie 1848 von John Herschel, dem Sohn des berühmten Astronomen William Herschel, nachgewiesen wurde. Wenn nämlich dieser Stoff zwischen den Sternen soviel Licht absorbiert, muß er sich erwärmen und selbst Licht abgeben. Womit man soweit ist wie zuvor. (Es gibt also einen großen Unterschied zwischen den Sternen in einem Universum und den Bäumen in einem Wald, denn diese leuchten selber nicht und können deshalb ohne weiteres vom Nebel verhüllt werden.)

Viele andere trugen in diesen Jahrhunderten zum Verständnis des Rätsels vom dunklen Himmel bei, aber aus eher zufälligen Gründen wurde dem deutschen Astronomen Heinrich Wilhelm Olbers die Ehre zuteil, daß das Rätsel nach ihm benannt und noch dazu zu einem Paradox erhoben wurde.

Bondis Bezeichnung

Im Jahre 1952 gab der aus Österreich stammende Astronom Hermann Bondi, damals in Cambridge tätig, ein gelehrtes Werk unter dem Titel ‹*Cosmology*›[1] heraus. Er präsentiert darin eine Theorie der Beschaffenheit des Universums, die in den fünfziger Jahren viel Zustimmung fand, heute aber auf verlorenem Posten steht: die *Steady-State-Theorie*. Bondi hatte sie 1948 zusammen mit seinen Kollegen Thomas Gold und Fred Hoyle entwickelt, um ein gewichtiges Problem der im übrigen dominierenden Urknalltheorie zu lösen, nach der das Universum mit einer gewaltigen Expansionsbewegung begonnen hat.

Das Problem der Urknalltheorie lautete schlicht: Das Universum war zu klein. Die Astronomen Edwin Hubble und Milton Humason hatten in den zwanziger Jahren bewiesen, daß sich das Universum ausdehnt; die Galaxien entfernen sich voneinander. Diese Ausdehnung läßt sich unmittelbar mit Hilfe der Relativitätstheorie erklären, denn diese ermöglicht ein Modell, in dem sich das Universum von einem bestimmten Zeitpunkt in der Vergangenheit an, als alles mit einem großen Knall, dem «Big Bang», anfing, stetig weiter ausdehnt.

Man kann das Alter des Universums im Rahmen der Urknalltheorie berechnen, wenn man die Größe und die Ausdehnungsgeschwindigkeit kennt; man rechnet dann die Ausdehnung einfach zurück. Ende der vierziger Jahre lautete das Resultat, das Universum sei rund zwei Milliarden Jahre alt. Das klingt nach einer ganzen Menge, nur paßt es nicht recht zusammen mit dem Alter der Erde, das auf ungefähr fünf Milliarden Jahre geschätzt wird. Da konnte etwas nicht stimmen. Wenige Jahre später wurde klar, daß man die Größe des Universums und die Geschwindigkeit der Ausdehnung falsch berechnet hatte und ein Alter von 10 bis 20 Milliarden Jahren wahrscheinlicher ist, also reichlich mehr als die Dauer der Erdgeschichte.

Dieser «Rechenfehler» aber war Ende der vierziger Jahre nicht bekannt, und so bekam die Steady-State-Theorie Wind in die Segel. Außerdem war in ihr eine Lösung der Frage nach dem Ursprung enthalten, die in philosophischer Hinsicht tief befriedigte.

Während die Urknalltheorie von *einem Anfang* an einem

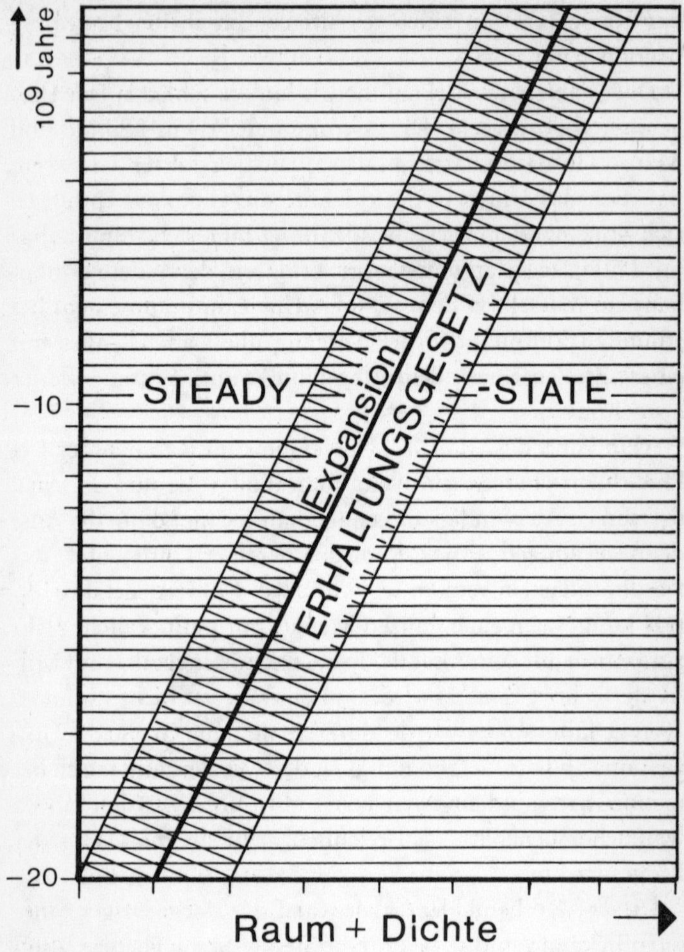

Steady-State: Nach dem Erhaltungsgesetz sind Masse und Energie im Weltall unveränderlich. Die Steady-State-Theorie geht davon aus, daß ständig Materie neu gebildet wird.

bestimmten Punkt spricht, der mit den bekannten physikalischen Gesetzen nicht beschrieben werden kann, sagt die Steady-State-Theorie einen ewigen Anfang vorher, eine ewige Schöpfung. Das Universum dehnt sich aus, füllt sich aber langsam mit Materie, die ständig neu entsteht. Der Zustand im Universum bleibt also unverändert, trotz der Ausdehnung – ein *steady state*, ein stationärer Zustand. Die Schöpfung geschieht laufend. Geht man in der Zeit zurück, erhält man zwar ein Universum, das immer kleiner wird und immer weniger Materie enthält, doch von einem eigentlichen Anfang, einem Anfang ein für allemal, kann man nicht sprechen.

Das Universum habe immer existiert, wenn auch nicht in der Größenordnung wie heute, sagt die Steady-State-Theorie.

Als Hermann Bondi dieses ästhetisch sehr ansprechende Weltbild vorlegte, kam er auf die Frage des dunklen Nachthimmels zu sprechen. Der wissenschaftsgeschichtlichen Legende folgend, bezeichnete er Olbers als den Urheber des Rätsels vom Nachtdunkel, obwohl, wie erwähnt, dessen 1823 veröffentlichte Abhandlung über das Thema weder in der Formulierung des Problems noch im Lösungsvorschlag neu war. Olbers hatte nämlich die gleiche Lösung wie Chéseaux vorgeschlagen, ohne jedoch die Arbeit des Schweizers zu nennen.

Hermann Bondi bezeichnete das Rätsel des dunklen Nachthimmels als «Olberssches Paradox», und diese Bezeichnung ist seitdem in die Literatur eingegangen, obwohl auch von einem Paradox keine Rede sein kann. Johannes Kepler, einer derjenigen, die das Problem als erste klar formulierten, fand es keineswegs paradox, daß ein unendliches Universum zu einer absurden Konsequenz – dem hell erleuchteten Nachthimmel – führt, denn er hielt es ja nicht für möglich, daß das Universum unendlich sei.

Der Astronom Edward R. Harrison von der University of Massachusetts, der die Geschichte der Aufklärung dieses Rätsels der Nacht aufgearbeitet hat, verweist darauf, daß die Bezeichnung «Paradox» aus Edmund Halleys 1721 verfaßten Betrachtungen zu dem Thema stammt. Dort wird das Rätsel als «metaphysisches Paradox» bezeichnet. Wenn es also ein Paradox ist, dann jedenfalls nicht Olbers'.

Bondi schlug eine Lösung des Problems vor, die berühmt geworden ist: Das Dunkel der Nacht sei darauf zurückzuführen, daß sich das Universum ausdehnt. Diese Lösung, seitdem Standard in astronomischen Lehrbüchern, ist falsch, aber ganz unterhaltsam.

Wir können die Ausdehnung des Universums an der *Rotverschiebung* der Galaxien beobachten. Ferne Galaxien entfernen sich von uns, eben weil das Universum sich ausdehnt. Wäre ich ein Fleck auf der Oberfläche eines Ballons, der aufgeblasen wird, dann würde ich über die Oberfläche des Ballons hinweg sehen, daß sich alle anderen Flecken von mir entfernen, wobei ich nicht behaupten könnte, auf dem Zentrum der Oberfläche zu sitzen, denn ein solches hat eine Ballonoberfläche nicht.

Die Flucht der Galaxien läßt sich an einer Veränderung des Lichts feststellen, das sie aussenden. Entfernt sich eine Lichtquelle von einem Beobachter, muß sich die Wellenlänge des Lichts vergrößern. Das Licht erscheint rötlicher, als es an seiner Quelle war. Wir kennen dieses Phänomen auch von Schallwellen, die zu tieferen Tönen verschoben werden, zum Beispiel wenn sich ein Krankenwagen mit laufendem Alarmsignal von uns entfernt.

Die Rotverschiebung bedeutet eine gewisse Schwächung der Lichtenergie, weil rotes Licht mit großer Wellenlänge we-

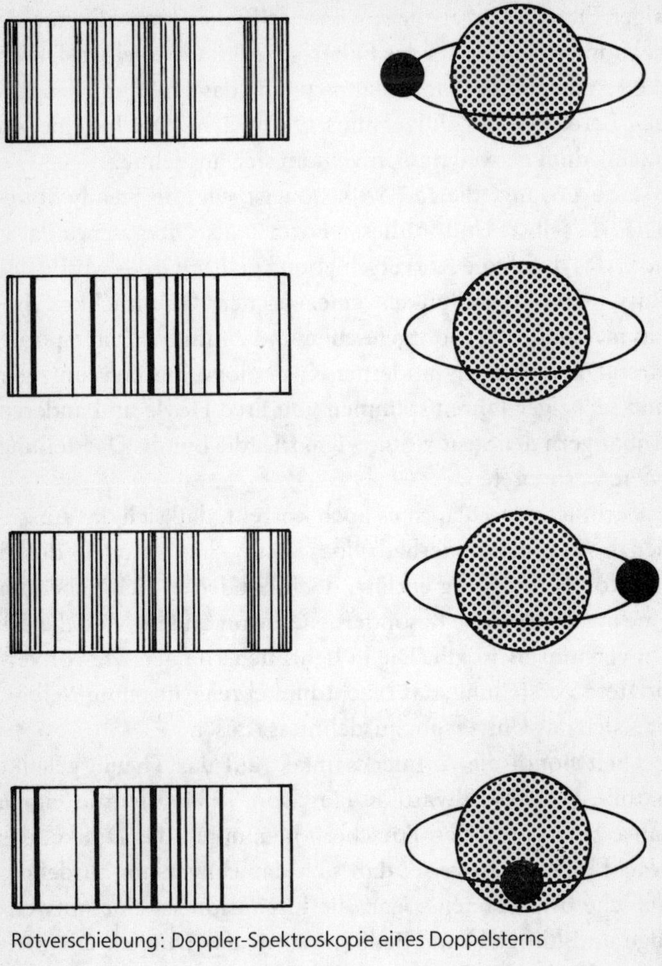

Rotverschiebung: Doppler-Spektroskopie eines Doppelsterns

niger Energie hat als beispielsweise blaues Licht. Damit, so behauptete Bondi, sei das Olberssche Paradox gelöst: Durch die Expansion des Universums werde das Licht aus den fernen Bereichen des Universums geschwächt. Der Himmel sei nachts dunkel, weil das Universum sich ausdehne.

Eine Lösung, die fast so schön ist wie die Steady-State-Theorie selbst. Und in dieser Form – als Olberssches Paradox, das durch die Rotverschiebung gelöst wird – wurde das Rätsel des Nachtdunkels einer breiten Öffentlichkeit bekannt. Einige der meistgelesenen und einflußreichsten populären Darstellungen moderner Kosmologie aus den fünfziger und sechziger Jahren stammen von Fred Hoyle und anderen Anhängern der Steady-State-Theorie, die Bondis Darstellung weiterverbreiteten.

Technisch gesehen ist es auch korrekt, daß sich das Aussehen des Himmels innerhalb eines Steady-State-Modells durch die Rotverschiebung erklärt, doch handelt es sich dabei um eine mathematische Besonderheit, die für andere Modelle des Universums nicht gilt. Die in Lehrbüchern nach wie vor verbreitete Vorstellung, das Nachtdunkel zeige uns unmittelbar, daß sich das Universum ausdehnt, ist falsch.

«Seit Bondi die Aufmerksamkeit auf das Thema gelenkt hatte», schrieb Edward R. Harrison 1984, «wurde einige Jahre lang von vielen Forschern behauptet, das Dunkel des Nachthimmels beweise, daß sich das Universum ausdehnt; manche behaupteten sogar, die Expansion sei eine notwendige und hinreichende Bedingung für das Dunkel. Die meisten Autoren, die die Rotverschiebung als Lösung des Olbersschen Paradox anführten, hielten es für überflüssig, einen mathematischen Nachweis zu führen.»[2]

Wäre man hingegen auf die Idee gekommen nachzurechnen, hätte man erkannt, daß die Ausdehnung des Universums das Aussehen des Nachthimmels ganz und gar nicht erklären kann, außer in einem Steady-State-Universum, das aber im Laufe der sechziger Jahre auf Grund der Entdeckung des Strahlenhintergrundes aufgegeben wurde – des kosmischen Himmels, dem wir uns im nächsten Kapitel zuwenden werden.

Die moderne Forschungspublizistik hat der staunenden Öffentlichkeit ein Problem unter falschem Namen und Etikett präsentiert und dazu eine Lösung, die falsch ist.

Und die Nacht ist immer noch schwarz.

Der Dichter Edgar Allan Poe

«Als ich Poes Worte zum erstenmal las, war ich verblüfft», schreibt Harrison 1981. «Wie ist es möglich, daß ein Dichter, den man bestenfalls als Amateurwissenschaftler bezeichnen kann, vor hundertvierzig Jahren die richtige Lösung verstand, während die falsche noch heute an unseren Universitäten gelehrt wird?»[3]

Der Astronom Edward Harrison arbeitet in den USA, spricht aber mit so klangvollem britischen Akzent, daß man meint, man sei auf einer Lyriklesung einer exklusiven literarischen Gesellschaft in einer alten englischen Universitätsstadt.

Harrison wird es einen gewissen Genuß bereitet haben, daß das erste schriftliche Zeugnis, in dem die Lösung des Nachträtsels präsentiert wurde, von dem Dichter Edgar Allan Poe stammt, der in der ersten Hälfte des vorigen Jahrhunderts lebte. Poe ging nach einem nur vierzigjährigen Leben als Schöpfer des Genres der Detektivgeschichte und als Vorläufer der «Entdeckung» des Unbewußten im Menschen durch die symbolistische Dichtung in die Literaturgeschichte ein.

Im Juni 1848 publizierte er den Essay «Heureka», in dem es heißt: «Wäre die Folge der Sterne nämlich endlos, dann müßte ja der allgemeine Himmelshintergrund in einem schwachen Licht erscheinen, ähnlich dem, wie es die Milchstraße von sich gibt – wäre dann doch praktisch kein Punkt, in all dem Hintergrunde, wo nicht ein Stern stünde! Die einzige Art, auf die wir, bei solcher Lage der Dinge, die Leerstellen erklären könnten, die unsere Teleskope uns in zahllosen Richtungen erblicken lassen, wäre dann die: anzunehmen, wie die Entfernung jenes unsichtbaren Hintergrundes eben derart ungeheuerlich sei, daß uns bisher noch kein Lichtstrahl von dort erreicht habe.»[4]

Edgar Allan Poe formuliert also das Problem des Nachthimmels als Frage, warum es zwischen den Sternen am Himmel dunkel ist. Und seine Antwort lautet, das Licht aus den fernen Bereichen des Universums, das einen leuchtenden Himmel ergeben müßte, habe noch nicht zu uns gelangen können.

Die Antwort ist richtig, aber Poe glaubte nicht an sie. Und sie kann auch jemanden wie Hermann Bondi nicht befriedigen, der nichts von dem Gedanken hält, daß das Universum einen Anfang gehabt habe; und genau das setzt ja die Antwort voraus, denn bestünde das Universum unendlich lange, wäre das Licht aus allen Bereichen des Alls ja schon zu uns gelangt, hätte es doch unendlich viel Zeit dazu gehabt.

Edgar Allan Poes Antwort setzt eine Art von Anfang voraus: Es gibt zwar eine Unendlichkeit um uns, aber das Licht – das ja nur mit einer Geschwindigkeit von 300 000 Kilometern in der Sekunde vorankommt, und was ist das schon, am Maßstab der Unendlichkeit gemessen? – ist auf seiner Reise durch ihre Weiten noch nicht bei uns angekommen.

Edward Harrisons moderne Version von Poes Antwort ist tatsächlich um einiges poetischer formuliert als der zitierte Passus des Dichters. Man lese, was Harrison vor einigen Jahren in *Science*, neben *Nature* der führenden naturwissenschaftlichen Zeitschrift der Welt, schrieb:

«Der Himmel ist in einem evolvierenden Universum einfach deshalb dunkel, weil die Scheiben der Sterne ihn nicht ganz zu bedecken vermögen... Durch die Räume zwischen den Sternen blicken wir zurück auf den Anfang des Universums... Im heutigen Universum, das sich ausdehnt und sich entwickelt, schauen wir durch die Zwischenräume und ‹sehen› *den Urknall.*»[5]

Schauen wir nachts zum Himmel empor, erkennen wir an seiner Dunkelheit, daß es einen Anfang gegeben hat, daß die Sterne nicht unendlich lange gestrahlt haben. Daß unsere Welt irgendwann entstanden ist.

Das Zögern des Lichts

Ole Rømer, der 1705 Polizeidirektor von Kopenhagen wurde, analysierte 1675 die Bewegungen der Jupitermonde und gelangte erstmals zu der Gewißheit, daß sich das Licht mit endlicher Geschwindigkeit ausbreitet: «das Zögern des Lichts» nannte er dieses Phänomen.

Im Unterschied zum Schall, der sich mit einer Geschwindigkeit fortbewegt, die wir ohne weiteres am Echo wahrnehmen können, breitet das Licht sich so schnell aus, daß man denken muß, es geschehe augenblicklich.

Zum Beispiel braucht eine Lichtwelle nur eine Sekunde, um vom Mond zur Erde zu gelangen. Von der Sonne bis zur Erde braucht sie acht Minuten. Man kann im alltäglichen Leben keine Lichtechos hervorrufen.

Ole Rømer machte nun folgende Beobachtung: Die Umlaufzeiten der kleinen Jupitermonde wiesen manchmal Schwankungen auf. Das war von großer Bedeutung, denn die Tatsache, daß Galilei 1610 vier Monde entdeckt hatte, die den größten Planeten des Sonnensystems umkreisen, öffnete den Gelehrten die Augen: Wenn Monde um Jupiter kreisen, warum sollten sich dann nicht die Planeten auf Bahnen um die Sonne bewegen?

Nun mußte der dänische Astronom also feststellen, daß bei der Berechnung der Umlaufbahnen Unregelmäßigkeiten auftraten. Er maß die Zeitpunkte, wann die Monde von ihrem Mutterplaneten Jupiter verfinstert wurden, und diese Verfinsterungen trafen nicht exakt nach der Tabelle ein. Rømer stellte fest, daß die Schwankungen mit der Position der Erde zum Jupiter zusammenhingen. Stand die Erde im Verhältnis zum Jupiter auf der anderen Seite der Sonne (was ungefähr einmal im Jahr der Fall ist), dann traten die Verfinsterungen zu spät ein. Umgekehrt kamen sie zu früh, wenn die Erde auf derselben Seite der Sonne stand wie der Jupiter, wenn sie ihm also am nächsten war.

Rømer schloß daraus, daß sich das Licht mit endlicher Geschwindigkeit ausbreitet, und berechnete sie auf 210 000 Kilometer pro Sekunde – im ganzen korrekt, bei einer Abweichung von nur 30 Prozent gegenüber der richtigen Zahl von 300 000 Kilometern pro Sekunde.

Die Tatsache, daß das Licht sich mit endlicher Geschwindigkeit ausbreitet, daß es «zögert», ist für das moderne Weltbild sehr wesentlich. Sie ist der wichtigste Eckpfeiler in Einsteins Relativitätstheorie, die besagt, daß sich kein Signal schneller ausbreiten kann als das Licht.

Was wiederum bedeutet, daß unsere Welt ihrer Natur nach lokal ist. Sie kann nicht von einem «etwas» beeinflußt werden, das in größerer Distanz zu ihr liegt als die Strecke, die das Licht in der zur Verfügung stehenden Zeit zurücklegen konnte.

Wenn wir eine Sekunde als einen solchen Zeitraum festlegen, so kann das Licht des Mondes, der im Mittel 384 000 Kilometer entfernt ist, nicht zu uns gelangen. Innerhalb dieser Zeitspanne wäre die Erde vom Mond isoliert. Oder nehmen wir die Sonne: Wenn sie plötzlich erlösche (was sie nicht kann!), vergingen acht Minuten, ehe wir es bemerken würden. Oder wenn dort, wo die Sonne ist, plötzlich ein neuer Stern aufleuchtete: acht Minuten würden vergehen, ehe wir es sähen.

Aber das sind Gedankenexperimente. Denken wir stattdessen an ein Universum, das 15 Milliarden Jahre alt ist, also dreimal so alt wie die Erde. Wir sagen, das Universum sei unendlich groß. Wie sieht dann der Himmel aus?

Um die Lichtmenge aus den fernen Bereichen des Universums zu berechnen, bilden wir wiederum Kugelschalen. Wir nehmen außerdem an, die Materie in diesem unendlichen Universum sei gleichmäßig verteilt und strahle mit gleicher Leuchtkraft (wäre dies nicht so, käme man mit dem Gesetz der Schwerkraft in Konflikt, weil dann aus manchen Richtungen mehr Materie aus dem Universum bei uns einträfe als aus anderen, was nicht der Fall ist). Je weiter der Abstand wird, desto größer werden die Kugelschalen; da aber ihr Licht unterwegs geschwächt wird, steuert jede neue Kugelschale die gleiche Lichtmenge bei.

Da das Universum unendlich ist, gibt es unendlich viele Kugelschalen, und die Lichtmenge muß unendlich groß werden. Das war das sogenannte Olberssche Paradox.

Aber dabei vergessen wir das Alter. Das Universum ist nur 15 Milliarden Jahre alt. Also ist das Licht aus den fernsten Schalen noch nicht angekommen. Die Schalen, die weiter von uns entfernt sind als 15 Milliarden Lichtjahre, haben überhaupt keinen Einfluß auf uns. Denn jede Wirkung, die von ihnen ausgeht, kann sich nur mit einer Geschwindigkeit ausbreiten, die der des Lichts entspricht. Und das Licht kann sich im Jahr nur ein Lichtjahr weit bewegen – ein Lichtjahr ist genau die Distanz, die das Licht in der Zeit zurücklegt, in der die Erde um die Sonne kreist, also in einem Jahr.

Was mehr als 15 Milliarden Lichtjahre entfernt ist, braucht uns also nicht zu interessieren. Denn das Licht bräuchte mehr Zeit, diese Entfernung zurückzulegen, als zur Verfügung gestanden hat, seit mit der Erschaffung des Universums überhaupt Entfernungen entstanden sind.

Gäbe es das Universum unendlich lange, hätte das Licht aus unendlich großen Entfernungen zu uns gelangen können. Wenn aber das Alter des Universums endlich ist, kann das Licht nur aus endlich großen Entfernungen bei uns eingetroffen sein.

In der Kosmologie bezeichnet man dieses Phänomen als *Horizont* – wir können nicht beliebig weit in das Universum hinausschauen, denn wenn wir in weit entfernte Regionen

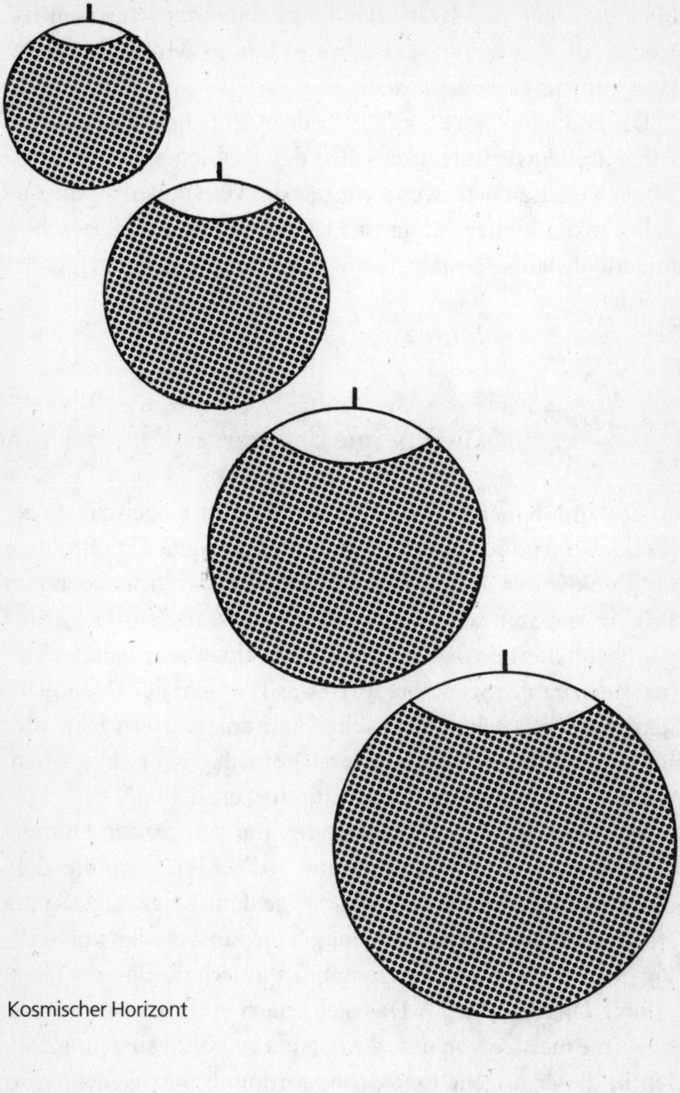

Kosmischer Horizont

blicken, sehen wir Licht, das lange unterwegs gewesen ist. Und in diesem Universum kann es nur 15 Milliarden Jahre lang unterwegs gewesen sein.

Die endliche Geschwindigkeit des Lichts und das endliche Alter des Universums lösen also das Problem der unendlich vielen Kugelschalen. Wenn wir uns das Universum als unendlich denken wollen, dann nicht in dem Sinne, daß es schon unendlich lange besteht, denn dann würden wir geblendet werden.

Die Energie der Sterne

Aber damit haben wir nur das Problem der Kugelschalen gelöst der unendlichen Folge von Kugelschalen. Das Problem des dunklen Nachthimmels selbst bleibt noch offen, denn im Prinzip könnten auch innerhalb des kosmischen Horizonts genügend Sterne vorhanden sein, um einen sehr hellen Himmel hervorzubringen. Gelöst ist das Problem der Unendlichkeit, um das es beim Olbersschen Paradox im Kern geht, aber wir müssen uns immer noch versichern, daß wir richtig sehen, wenn wir einen dunklen Nachthimmel erblicken.

Wie viele Sterne sind notwendig, um den ganzen Himmel zu bedecken? Die Antwort lautet 10^{60}. Man kann die Zahl auch normal ausschreiben, nur ist sie dann so groß, daß man sie kaum zu überschauen vermag: eine Eins, gefolgt von sechzig Nullen. Wie viele Sterne gibt es innerhalb unseres Horizonts? Ungefähr 10^{20}. Das sieht nach einer ganzen Menge aus – die meisten von uns, die ja nicht gewohnt sind, mit Zahlen in dieser ungeheuren Größenordnung umzugehen, würden spontan denken, daß 10^{20} ein Drittel von 10^{60} sind. Aber das ist nicht der Fall. 10^{20} Sterne sind 10^{40}mal weniger als 10^{60} Sterne. Es fehlen also ziemlich viele: Wenn der ganze Himmel mit Sternen bedeckt sein soll, müßten jedem einzelnen Stern mehr zusätzliche Zwillingssterne beigegeben werden als die übrigen Sterne im sichtbaren Universum zusammen.

Es fehlen also viel, viel mehr Sterne, als schon da sind. Das Universum ist unendlich, also sind sie da, diese zusätzlichen Sterne, aber sie liegen außerhalb unseres Horizonts, denn das Universum existiert nicht unendlich lange.

Außerdem ist die Frage: Können die Sterne es schaffen, den Raum mit Strahlung zu füllen? Ein Stern verschießt nicht all sein Pulver auf einmal.

Soll sich das Universum mit Strahlung füllen, so daß der Nachthimmel blendend hell wird, müssen die Sterne Zeit haben, eine genügende Menge Strahlung in die Umgebung «auszuschütten». Berechnungen haben ergeben, daß die Sterne 10^{23} Jahre bräuchten, um so viel Energie auszuschütten, daß jeder einzelne seinen kleinen Bereich des Raums mit Strahlung füllen würde. Und 10^{23} Jahre sind eine lange Zeit. Länger, als das Universum existiert. Und im übrigen auch länger, als die Sterne existieren. Ihre Lebensdauer liegt nämlich bei 10 Milliarden (10^{10}) Jahren.

Die Sterne existieren also noch nicht lange genug, um den Raum ringsherum mit Strahlung zu füllen, denn dazu ist das Universum nicht alt genug. Und wenn das Universum alt genug sein wird, also 10^{23} Jahre alt, werden die Sterne längst erloschen sein. Sie können es also nicht schaffen, die güldenen Sterne. Die Nacht bleibt dunkel.

Lassen wir Edward Harrison die Lösung des Olbersschen

Paradox zusammenfassen: «Das Dunkel des Nachthimmels erklärt sich weder durch die Absorption des Sternenlichts... noch durch die Endlichkeit des Universums noch durch die Rotverschiebung auf Grund der Ausdehnung, noch ist es mit irgendeiner der anderen in den letzten dreieinhalb Jahrhunderten vorgeschlagenen Lösungen zu erklären. Die Erklärung ist in Wirklichkeit ziemlich einfach: Das Universum enthält nicht genug Energie, um einen strahlenden Himmel hervorzubringen. Wenn der ganze Himmel mit Sternen bedeckt sein soll, müssen wir über so weite Entfernungen in den Raum hinaus- und über so lange Perioden in die Zeit zurückschauen, daß das Alter der Sterne und das Alter des Universums bei weitem nicht dazu ausreichen. Mit anderen Worten, der Raum zwischen den Sternen ist zu groß, als daß diese ihn in der Zeit, die zur Verfügung stand, mit Strahlung hätten füllen können. Warum ist der Himmel nachts dunkel? Erstaunlicherweise hat erst die Wissenschaft des 20. Jahrhunderts die wunderbar einfache Antwort möglich gemacht: Das Sternenlicht ist zu schwach, um das dunkle Universum zu füllen.»[6] Die Zeit hat nicht dazu gereicht.

Die Lösung des logischen Problems – die Unendlichkeit von Kugelschalen – liegt also im endlichen Alter des Universums. Die Lösung des konkreten Problems – das Aussehen des Nachthimmels – ergibt sich aus der Berechnung, wieviel Strahlung die Sterne innerhalb unseres kosmischen Horizonts eigentlich abgegeben haben können, eines Horizonts also, dessen Weite vom endlichen Alter des Universums bestimmt wird.

Wenn wir nachts das Dunkel sehen, blicken wir, wie Harrison schreibt, «auf den Anfang des Universums zurück».

Da ist etwas dran. Man kann zwischen den Sternen auf den Anfang zurückblicken. Man kann den kosmischen Himmel sehen. Oder richtiger: Man kann ihn hören.

Der kosmische Himmel

Sie dachten zuerst, es sei Taubendreck. Es gab ein unerklärliches Geräusch in dem Empfänger, mit dem die Signale des Satelliten *Echo* aufgezeichnet wurden. Immer wieder überprüften die beiden Physiker die Anlage. Sie fanden ein Nest mit zwei Tauben. Sie fanden auch eine «weiße, elektrische Substanz»: Taubendreck. Sie schickten die Tauben weit weg zu einer anderen Abteilung der Bell Laboratories der Telefongesellschaft AT&T, an einen anderen Ort im Staat New Jersey. Aber die Tauben kehrten zu der Antenne zurück. Und als die Wissenschaftler Tauben, Taubendreck und Nest endgültig entfernt hatten, war das Geräusch immer noch da. Arno Penzias und Robert Wilson waren verwirrt.

Im Januar 1965 rief Arno Penzias seinen Kollegen Bernard Burke im Massachusetts Institute of Technology (MIT) an. Während des Gesprächs erzählte er, die Messungen mit der großen Antenne funktionierten gut, nur gebe es ein unerklärliches Hintergrundrauschen. Burke hatte durch einen anderen Kollegen, Ken Turner, von dem Vortrag eines jungen theoretischen Physikers an der Universität Princeton gehört. Dieser junge Mann namens Jim Peebles hatte errechnet, daß es im Weltraum eine besondere Art von Rauschen geben müsse, und vorgeschlagen, danach zu suchen. Sein Projektleiter Robert Dicke ließ den Apparat dafür schon bauen.

Bernard Burke schlug Penzias vor, in Princeton anzurufen und sich genauer nach Peebles' Berechnungen zu erkundigen. Vielleicht ließe sich mit ihrer Hilfe das seltsame Rauschen erklären. Penzias rief an und bekam die Antwort, das Rauschen komme nicht vom Taubendreck.

Es sei das Echo vom Anfang des Universums.

Eine große Entdeckung

«Ich glaube, Arno und ich hatten beide das Gefühl, es sei zwar schön, eine Erklärung zu haben, aber es könnte ebensogut ganz andere geben», erzählte Robert Wilson später. «Obwohl wir froh waren, eine Art Antwort zu haben, standen wir dem Kosmologischen doch ein bißchen fern. Ich hatte Kosmologie bei [Fred] Hoyle am California Institute of Technology gehört, und das Steady-State-Modell gefiel mir. Philosophisch gesehen gefällt es mir immer noch.»[1]

Penzias und Wilson hatten eine Entdeckung gemacht, die zu den wichtigsten der Wissenschaftsgeschichte zählt. Dabei begriffen sie beide keineswegs sofort, welche Bedeutung sie hatte, und gingen darauf auch nicht ein, als sie der wissenschaftlichen Öffentlichkeit ihre Entdeckung mitteilten. Aber die Physiker in Princeton, die die Beobachtung interpretierten, für die Penzias und Wilson 1978 den Physik-Nobelpreis erhielten, begriffen ihre Bedeutung vollkommen. Ob es einem gefiel oder nicht: Die Steady-State-Theorie war tot. Es *hat* einen Urknall, es hat einen Anfang gegeben.

Es war schon das zweite Mal, daß der Experimentalphysiker Robert H. Dicke der Entdeckung auf der Spur gewesen war. Und das zweite Mal, daß er sie verpaßte. 1946 veröffentlichten Dicke und einige Mitarbeiter eine Berechnung des oberen Grenzwertes für das Hintergrundrauschen im Universum. Der Wert lag weit über dem des Rauschens, das zwei Jahrzehnte später von Penzias und Wilson gefunden wurde. Im selben Jahr publizierte der Physiker George Gamow, ebenfalls in der Zeitschrift *Physical Review*, eine Studie über Urknallmodelle, auf deren Grundlage er 1949 mit seinen Kollegen Ralph Alpher und Robert Herman ausrechnete, es müßte, wenn es einen Urknall gegeben hat, möglich sein, ein Echo davon in Form eines Hintergrundrauschens im Universum festzustellen. Diese Vorhersage wurde 1953 wiederholt. Man fragte verschiedene Radioastronomen, ob man dies Rauschen messen könne, aber keiner hielt es für möglich.

In den sechziger Jahren ging Robert Dicke das Problem noch einmal an, ohne sich aber an die ursprünglichen Messungen aus den vierziger Jahren und an Gamows Beiträge aus jener Zeit zu erinnern. Dicke, ein Physiker, dem das Gedankenexperiment mehr liegt als die mathematische Feinarbeit, setzte den jungen Forscher Jim Peebles an die Aufgabe, die Sache durchzurechnen. Und Peebles kam zu dem Ergebnis, daß es ein Relikt des Urknalls in Form eines Hintergrundrauschens geben müsse.

Die Suche nach dem Rauschen hatte gerade begonnen, als Robert Dicke Penzias' Anruf erhielt. Am Ende des Gesprächs wurde verabredet, daß die Physiker aus Princeton Penzias und Wilson aufsuchen würden, um sich deren Empfänger mit dem seltsamen Rauschen anzusehen.

Keiner der beiden Gruppen war bekannt, daß es auch die Russen auf genau dieses Radioteleskop der Bell Laboratories in Holmdel, New Jersey, abgesehen hatten. 1964 hatten die beiden sowjetischen Forscher A. G. Doroschkewitsch und I. D. Nowikow eine Abhandlung über die mögliche Hintergrundstrahlung im Universum veröffentlicht, in der sie darauf hinwiesen, daß die Radioantenne in Holmdel für entsprechende Untersuchungen geeignet war. Sie erinnerten auch daran, daß E. A. Ohm, ein Forscher, der in der Zeit vor Penzias und Wilson an der Antenne gearbeitet hatte, 1961 einen Bericht im Bulletin der Bell Laboratories veröffentlicht hatte, in dem er das seltsame Hintergrundrauschen beschrieb, das dann von Penzias und Wilson genauer untersucht wurde.

«Wir zeigten ihnen [Dicke und seinem Team] die Antenne und die Messungen, die wir durchgeführt hatten», erzählte Wilson später. «Wir gingen zusammen in den Konferenzraum, und sie berichteten uns von der Kosmologie.»[2]

Es ist hier also die Rede von einer wissenschaftlichen Entdeckung, die so außergewöhnlich ist, daß mehrere Forschungsgruppen dicht dran gewesen waren und sie doch verfehlt hatten. Und diejenigen, die sie dann schließlich machten, brauchten Jahre, um ihre Bedeutung zu begreifen.

Die Entdeckung der kosmischen Hintergrundstrahlung war das erste deutliche Zeichen dafür, daß unser Universum einen Anfang gehabt hat. Das erste echte Anzeichen, daß man etwas von der Geschichte des frühen Universums wußte.

Der Nobelpreisträger Steven Weinberg ist nicht nur ein großer Physiker, sondern auch ein guter Erzähler. Seine Version der Geschichte von der Entdeckung des Hintergrundrauschens mündet in die Einsicht: «So etwas geschieht oft in der Physik: unser Fehler ist nicht, daß wir unsere Theorien zu ernst nehmen, sondern daß wir sie nicht ernst genug nehmen. Man kann sich stets nur schwerlich vorstellen, daß die Zahlen und Gleichungen, mit denen wir an unseren Schreibtischen spielen, etwas mit der wirklichen Welt zu tun haben... die wichtigste Konsequenz dieser Entdeckung war wohl, daß sie uns alle zwang, uns ernsthaft mit der Idee zu befassen, daß es tatsächlich einen Anfang des Universums gegeben hat.»[3]

Das Rauschen, das die Antenne in Holmdel empfing, zwang die Theoretiker, ihre Theorien ernst zu nehmen.

Immerhin hatten Hubble und Humason in den zwanziger Jahren gezeigt, daß sich das Universum ausdehnt. Immerhin stimmte das mit der Relativitätstheorie der Gravitationskräfte im Universum überein. Und immerhin paßten die Werte für die ungefähre Größe des Universums einigermaßen mit anderen Werten zusammen, zum Beispiel für das Alter der Erde. Aber vor noch nicht einmal dreißig Jahren gab es kaum jemanden, der die Kosmologie wirklich ernst nahm.

Die Kosmologie ist eine sehr spezielle Wissenschaft. Nicht nur, weil es in ihr mit harten Fakten ungewöhnlich schlecht bestellt ist. Während die Physiker Experimente in Labors machen und die Astronomen allein schon mit dem bloßen Auge Myriaden von Sternen untersuchen können, sind die Kosmologen darauf angewiesen, Vermutungen auf der Grundlage weniger unscharfer Beobachtungen zu machen, Beobachtungen an Objekten, die sich Milliarden von Lichtjahren entfernt im Raum und genauso viele Jahre zurück in der Vergangenheit befinden. Doch das ist nicht das größte Problem der Kosmologie – das größte Problem ist die besondere Beobachtungssituation: Es gibt nur *ein* Universum, das man untersuchen kann. *Per definitionem.*

Das Studium der Struktur und Entwicklung des Universums – die Kosmologie – hat nur einen Untersuchungsgegenstand. Bei allen anderen Wissenschaften geht es darum, eine Menge von Gegenständen zu vergleichen, um Eigenschaften zu finden, die ihnen gemeinsam sind. Das ist ja das Wesentliche an Wissenschaft: vom Individuellen abzusehen und das Allgemeine, die Gesetzmäßigkeiten genauer zu untersuchen. Doch es gibt nur ein Universum – Vergleiche mit einem anderen sind *a priori* ausgeschlossen.

Deshalb ist es nicht ganz einfach, Kosmologie zu betreiben. «Ich bin immer überrascht, wenn mir ein junger Mensch sagt, er wolle sich mit Kosmologie beschäftigen», sagte der Kosmologe William McCrea 1963 bei einem Vortrag vor der Royal Astronomical Society. «Wenn ich an Kosmologie denke, ist das für mich etwas, das einem widerfährt, nicht etwas, für das man sich entscheiden kann.»[4]

Die Entdeckung des Hintergrundrauschens aber rückte die Kosmologie aus der Sphäre rein spekulativer Mathematik in den Bereich seriöser, empirischer Wissenschaft.

Peebles' Pointe

Was aber bedeutet dieses Echo vom Anfang des Alls? Was erfahren wir, wenn wir diesem Hintergrundgeräusch lauschen? Was ist seine charakteristische Form, Richtung oder Schwankungsbreite?

Nichts. Gar nichts. Keine Form, keine Richtung, keine Schwankung. Nur völlige Gleichförmigkeit. Rauschen.

Das ist in vieler Hinsicht eine der wichtigsten Botschaften, die die Menschen je erreicht hat: einfach nur formloses Rauschen. Genau das ist die Botschaft: das Fehlen von Form. Das Rauschen ist das Signal; die Botschaft ist, daß es keine Botschaft gibt.

Zwanzig Jahre nach der Entdeckung der Hintergrundstrahlung machte Robert Wilson eine Tonbandaufnahme. «Man kann den Empfänger an einen Verstärker anschließen. Das hatten wir 1964 bei den ursprünglichen Experimenten getan, um zu hören, ob es Radargeräusche gab», erzählt Wilson in einem Gespräch mit dem bekannten amerikanischen Wissenschaftsjournalisten Jeremy Bernstein. Und er fragt Bernstein, ob er das Band hören wolle.

«Das wollte ich sehr gern», berichtet Bernstein weiter, «und Wilson suchte eine der Kopien des Tonbands heraus, die er im Büro hatte. Wir legten sie in mein Tonbandgerät und hörten Wilson vor einem sanft rauschenden Hintergrund erzählen, wie er die Aufnahme gemacht hatte. Als er mit seinem Kommentar fertig war, war nur ein Rauschen zu hören – etwa wie das Brausen des Meeres. Ungefähr ein Zehntel dieses Geräusches kann einer Strahlung zugeschrieben werden, die so alt ist wie das Universum selbst; der Rest sind Geräusche des Empfängers, der sie registriert.»[5]

Warum ist es so interessant, ein richtungs- und strukturloses Rauschen aus dem Weltraum zu empfangen? Weil es uns sagt, daß das Universum, das wir bewohnen, insgesamt richtungs- und strukturlos ist.

Die kosmische Hintergrundstrahlung ist ein Zeugnis des Universums einige wenige hunderttausend Jahre nach dem Urknall. Eine Strahlung mit einer Energieverteilung, als käme sie von einem Körper, der −270 Grad Celsius warm, oder besser: kalt ist. Dies bedeutet nicht, daß das, was die Strahlung abgegeben hat, ebenso kalt war; das war es mit Sicherheit nicht. Was die Strahlung abgegeben hat, war sehr viel wärmer. Aber es hat sich immer weiter ausgedehnt.

Die Hintergrundstrahlung stammt aus dem frühen Universum. Am Anfang war reines Nichts, doch dann entstand das Universum als einzelner Punkt, als Singularität. Dieser zersprang in eine Ausdehnung, die zur Folge hatte, daß die Temperatur allmählich sank. Temperatur ist ja Ausdruck chaotisch ungeordneter Bewegung in Materie, und diese Bewegung muß sehr groß gewesen sein, da alles dicht zusammengepreßt war. Atome existierten in diesem dichten Zustand nicht. Die Bestandteile der Atome – Kerne und Elektronen – waren aufgelöst in das, was man Plasma nennt. Nun ist aber Plasma völlig undurchsichtig. Die gesamte Strahlung, die es im Universum gab, war vermengt mit der gesamten Materie, es war also ein einziges ununterscheidbares Gemisch.

Aber dann, nach ungefähr einer Million Jahren, geschah etwas sehr Wichtiges, das man *Rekombination* nennt: Es entstanden Atome. Die Elektronen wurden an die Kerne gebunden, sie wurden rekombiniert. (Ein irreführender Begriff insofern, als sie vorher nicht «kombiniert» gewesen waren und man also, nimmt man Sprache genau, nicht sagen kann, daß sie re-kombiniert wurden; dieser Mangel an sprachlicher Logik aber zeigt uns, daß es den Kosmologen genauso schwerfällt wie uns anderen, so weit in der Zeit zurückzudenken.)

Die Rekombination führte dazu, daß die gesamte Strahlung im Universum freigesetzt wurde. Das frühe Universum war ein Gemisch aus Strahlung und Materie, in dem sich die Strahlung nicht frei ausbreiten konnte. Als die Atome entstanden, konnte die Strahlung das Universum, das zu diesem Zeitpunkt nicht besonders groß war, ungehindert füllen.

Diese Strahlung, die plötzlich durch die Rekombination freigesetzt wurde, füllt das Universum noch immer. Sie ist der Fingerabdruck des Universums aus einer Zeit von ungefähr einer Million Jahren nach dem Urknall, und das ist *sehr* früh für ein Universum, das gegenwärtig 10 bis 20 Milliarden Jahre alt ist.

Doch ist dieser Fingerabdruck des Universums, dieses Zeugnis aus seinen jungen Jahren, nicht unverändert geblieben. Das Universum hat sich in gewaltigen Dimensionen ausgedehnt, seit bei der Rekombination die Strahlung freigesetzt wurde. Diese enorme Ausdehnung hat zu einer starken Rotverschiebung der Strahlung geführt. Ihr Energiegehalt ist sehr viel geringer, als er ursprünglich war. Was anfangs hochenergetische Gammastrahlung in einem gerade erschaffenen Universum war, ist durch die Rotverschiebung inzwischen zu schwachen Mikrowellen geworden, die ein leichtes Hintergrundrauschen im Weltraum verursachen. Mikrowellen sind eine Art von Radiowellen. Man *kann* sie benutzen, um Fertiggerichte in einem Herd zu wärmen, aber in einem solchen Herd müssen mehr Wellen erzeugt werden, als heute in einem entsprechend großen Bereich des Universums vorhanden sind – ein Kubikmeter Weltraum enthält ungefähr 400 Quanteneinheiten Hintergrundstrahlung.

Die Rotverschiebung bewirkt, daß diese ursprüngliche Strahlung von einem Körper zu kommen scheint, der eine Temperatur von 3 Grad über dem absoluten Nullpunkt hat.

Die Physiker rechnen gern in Kelvin (K), der Maßeinheit der absoluten Temperatur. Abgesehen davon, daß der Nullpunkt jeweils anders definiert ist, entspricht die Kelvin-Skala in ihren Zahlenwerten ganz der bekannten Celsius-Skala. Diese hat ihren Nullpunkt beim Gefrierpunkt des Wassers, die Kelvin-Skala dagegen bei der absolut tiefsten Temperatur, die überhaupt denkbar ist, derjenigen Temperatur näm-

Wasserstoff-Radiorekombinationslinien der Spiralgalaxie M 51 bei 1415 MHz

lich, bei der die Materie nicht mehr auf Grund ungeordneter Wärmebewegung vibriert. Dieser absolute Nullpunkt entspricht minus 273 Grad Celsius.

Die Strahlung, die Penzias und Wilson fanden, war so geartet, daß sie von einem Körper mit einer Temperatur von minus 270 Grad Celsius zu kommen schien, was 3 Kelvin entspricht. Man nennt sie die 3-K-Hintergrundstrahlung.

Die Berechnungen von Jim Peebles und seinem Team in Princeton hatten auf eine Hintergrundtemperatur von 10 Kelvin hingedeutet – ein rein theoretischer Wert. Gamow und seine Kollegen hatten in den vierziger Jahren noch richtiger gelegen: 5 Kelvin. Als Peebles und seine Kollegen jetzt nachrechneten, kamen sie zu dem Ergebnis, daß der Wert 3 Kelvin für jene Strahlung anzusetzen ist, die das Universum seit der Rekombination füllt.

Die 3-K-Hintergrundstrahlung, die Penzias und Wilson fanden, ist also die durch Rotverschiebung fast unkenntlich gewordene Strahlung, die das Universum in seiner Anfangsphase füllte.

Seit der Entdeckung des 3-K-Hintergrunds sind zahlreiche Messungen vorgenommen worden, um den Wert zu überprüfen, und alle haben zu dem Resultat geführt, daß er stimmt. Man hat auch noch etwas anderes gemessen, nämlich, wie gleichmäßig die Strahlung verteilt ist. Denn das ist eigentlich das Interessanteste. Und das Ergebnis hat die Astronomen in den letzten Jahrzehnten vor kein geringes Rätsel gestellt. Die Strahlung ist nämlich sehr gleichmäßig verteilt. Sie hat überhaupt keine Struktur. Die Schwankungen sind jedenfalls äußerst gering. Aus allen Richtungen kommt gleich viel Strahlung; sie ist *isotrop*. (Und doch: es *gibt* eine Schwankung, schon im Laufe der 24 Stunden eines Tages. Denn die

Erde bewegt sich ja in Relation zur Hintergrundstrahlung, und dadurch kommt es zu einer kleinen Rotverschiebung der Strahlung. Entsprechend kann man messen, daß sich das Sonnensystem in der Milchstraße bewegt und die Milchstraße in der Lokalen Gruppe, dem Galaxienhaufen, dem sie angehört. Die Astronomen konnten sehr präzise die Gesamtbewegung der Erde im Verhältnis zur 3-K-Strahlung bestimmen, alles in allem einige hundert Kilometer pro Sekunde. Es *gibt* also eine Schwankung in der Hintergrundstrahlung – sie zeigt uns aber nur, daß die Erde tatsächlich um die Sonne kreist und die Sonne ums Zentrum der Milchstraße. Wir sitzen nicht still in der Mitte des Universums. Die Hintergrundstrahlung ist weitgehend isotrop, wenn man unsere eigene Bewegung in der Welt mitberücksichtigt.)

Das ist einigermaßen verblüffend. Denn was wir vom Universum am Himmel sehen, ist alles andere als isotrop. Es ist ungleichförmig, klumpig, voller verschiedener Strukturen. Es gibt Galaxienhaufen und dazwischen leeren Raum; innerhalb der Haufen bewegen sich einzelne Galaxien, in denen sich wiederum Nebel und Sterne herausgebildet haben, die von Planeten umkreist werden. Das Universum ist reich an lokalen Strukturen.

Im ganzen aber ist alles äußerst gleichmäßig verteilt. Und im frühen Universum, von dem die Hintergrundstrahlung zeugt, war alles isotrop. Grau in Grau, Chaos.

Jim Peebles saß 1979 auf dem Podium des Auditoriums U im Niels-Bohr-Institut am Blegdamsvej in Kopenhagen, um die Vorträge jenes Nachmittags zu moderieren; besonders Steven Weinbergs Beitrag über die Große Einheitliche Theorie wurde mit großer Spannung erwartet. «Ich habe meine Zeit hauptsächlich damit verbracht, die großräumige Struktur des Universums zu untersuchen», erzählte mir Peebles, der sich nach der Berechnung der Hintergrundstrahlung damit beschäftigt hatte, die Verteilung von Galaxien am Himmel auszuzählen, die im großen und ganzen offenbar ebenfalls keine Struktur aufweist. «Insgesamt ist es nichts. Lokal ist es sehr aktiv», sagte Peebles. «Übergeordnet gibt es keine Struktur, aber lokal gibt es Galaxien, Sterne und Planeten.» *On the overall it's nothing. Locally it's very active.*[6]

Fern vom Gleichgewicht

Wie ist dann in alledem Struktur entstanden? Wie konnte ein so gleichförmiges Universum so ungleichförmig werden?

Ganz genau weiß das keiner. In vieler Hinsicht ist dies das Hauptproblem der modernen Kosmologie, das Hauptproblem des modernen astronomischen Weltbilds: wie ein isotropes Universum so nichtisotrop, so ungleich werden konnte, wie es sich uns heute offenbart.

Man hat sich in den letzten Jahren ein klares Bild davon machen können, wie die Gleichförmigkeit entstanden ist; ein Vorgang, der sehr schwer zu erklären war, bis 1979 der amerikanische Physiker Alan Guth darauf hinwies, daß das frühe Universum eine sehr heftige Anfangsausdehnung durchlaufen haben muß, eine sogenannte *Inflation*, die alles gleichmachte, so daß die danach einsetzende langsamere Ausdehnung bis auf den heutigen Tag in ruhigen Formen stattfinden konnte. Eine unmittelbare Folge davon ist die Gleichförmigkeit der Hintergrundstrahlung.

Wie aber das gleichförmige Universum Struktur bekommen hat, das weiß man nicht. Es ist ungeklärt, wie die Galaxien entstanden sind. Viele Lösungsansätze sind vorgeschlagen worden, aber das Problem hat sich ihnen allen bislang beharrlich widersetzt.[7]

Aber wir können auch anders fragen: Was bedeutet es, daß sich das Universum aus einem gleichförmigen Gemisch von Materie und Strahlung zu einem Universum mit klumpiger Struktur und einem sehr schwachen Hintergrund ursprünglicher Strahlung entwickelt hat? Was bedeutet es, daß das Weltall vor allem Dunkelheit ist, in der einzelne Sterne leuchten? Daß, wie wir bei der Erörterung des Olbersschen Paradox sahen, zwischen den Sternen Dunkelheit herrscht? Was bedeutet das?

Es bedeutet, daß es im Universum Leben geben kann.

Diese Behauptung ist so ziemlich das Gegenteil dessen, was man hört, wenn es um die Ausdehnung des Weltalls geht. Da ist dann oft vom Wärmetod die Rede, zu der die Ausdehnung des Universums führe: Die Welt wird immer größer, und die Menge der Unordnung wächst, während die Sterne nach und nach verglühen und sich ihre allzu schwache Strahlung in einem Universum verliert, das sich bis in alle Ewigkeit ausdehnt und immer dunkler und immer kälter wird. Alles endet in einem Grau in Grau, das langsam in ein Schwarz in Schwarz übergeht.

Doch die kosmische Hintergrundstrahlung am sternenbesetzten Himmel offenbart uns die schlichte Tatsache, daß das Universum vom thermodynamischen Gleichgewicht weit entfernt ist. Ein solches Gleichgewicht hatte vor der Rekombination bestanden, als die Strahlung noch nicht frei geworden war. Da hatten Materie und Strahlung die gleiche Temperatur. Alles war gleich warm.

Als Materie und Strahlung sich trennten, machte die ursprüngliche Strahlung die Ausdehnung mit, so daß sie kälter wurde und der Mikrowellenhintergrund heute von einem Körper mit einer Temperatur von 3 Kelvin zu stammen scheint. Die Materie aber verdichtete sich aus Gründen, die man noch nicht ganz versteht, zu Galaxien, diese brachten Sterne hervor, und die Sterne produzierten durch Kernreaktionen neue Strahlung, die in den Weltraum dringt. Der Weltraum nimmt sie bereitwillig auf, weil seine eigene Strahlung so kalt ist. Man kann der Materie keine Energie in Form von Strahlung «abzapfen», wenn kein Ungleichgewicht vorliegt. Wären Materie und Strahlungshintergrund gleich warm, könnte von der Materie keine Strahlung in den Raum ausgehen.

Die Materie im All hat gegenwärtig eine durchschnittliche Temperatur von vielen tausend oder (wenn sie sich im Innern der Sterne befindet) Millionen Grad. Die Strahlung im All ist kalt, nämlich 3 Kelvin. Deshalb kann ein Strom von Energie aus den Sternen in den Weltraum fließen.

Und in diesem Energiestrom ist die Erde unterwegs. Die Sonne scheint auf uns herab, und der Sonnenschein ist voller Energie. Die Strahlung erwärmt natürlich die Erde, doch gibt unser Planet die Energie in Form von Mikrowellen wieder ab und wird deshalb nicht einfach immer heißer, je stärker die Sonne scheint. Das Wärmegleichgewicht des Planeten bleibt erhalten, weil die Erde Mikrowellen in den Weltraum abstrahlen kann.

Aber das kann die Erde nur deshalb, weil diese Mikrowellen oder Wärmestrahlen, wie sie auch genannt werden, von einem Körper kommen, der wärmer ist als der Raum, in den die Strahlen emittiert werden. Die Erde hat im Mittel eine Oberflächentemperatur von ungefähr 5 Grad Celsius. Das entspricht etwa 278 Kelvin. Die Mikrowellen der Erde haben also eine Temperatur von annähernd 300 Kelvin, um in runden Zahlen zu rechnen. Diese Mikrowellen können frei in den Weltraum gelangen, weil die Hintergrundtemperatur dort rund 3 Kelvin beträgt.

Insgesamt ist es also so, daß die warme Sternenmaterie auf einen kleinen Planeten strahlen kann, der die Energie in den kalten Weltraum weitergibt.

Was aber passiert mit der Erde? Die Sonnenstrahlen kommen von einem Körper, der wärmer ist als die Strahlung, die die Erde abgibt. Die Oberflächentemperatur der Sonne liegt bei 6000 Kelvin. Strahlung, die von einem wärmeren Körper stammt, besitzt ein höheres Maß an Ordnung, an Organisation, als Strahlung von einem kälteren Körper. Sie besitzt, um es mit einem wissenschaftlichen Begriff auszudrücken, weniger Entropie.

Entropie ist ein Maß für Unordnung. Je ungeordneter ein System ist, desto höher ist seine Entropie. Wenn man zum Beispiel ein Stück Würfelzucker in einem Glas Tee auflöst, nimmt die Entropie zu. Die Zuckermoleküle, fest verbunden zu einem Stück Würfelzucker, weisen einen höheren Ordnungsgrad auf, als wenn sie in Tee gelöst sind.

Tatsächlich ist es so, daß die Entropie ständig zunimmt. Sie kann nicht geringer werden. Wann immer ein physischer Prozeß stattfindet, bei dem etwas geschieht (technisch gesagt: bei dem Arbeit aufgewendet wird), nimmt die Entropie zu.

Diese Zunahme der Entropie läßt das Leben zu einem scheinbar absurden Phänomen werden. Denn Leben ist in hohem Maße organisiert. Ein Baby, das wächst, organisiert Glieder, die immer größer, und Erfahrungen, die immer vielfältiger werden. Die Ordnung nimmt beträchtlich zu.

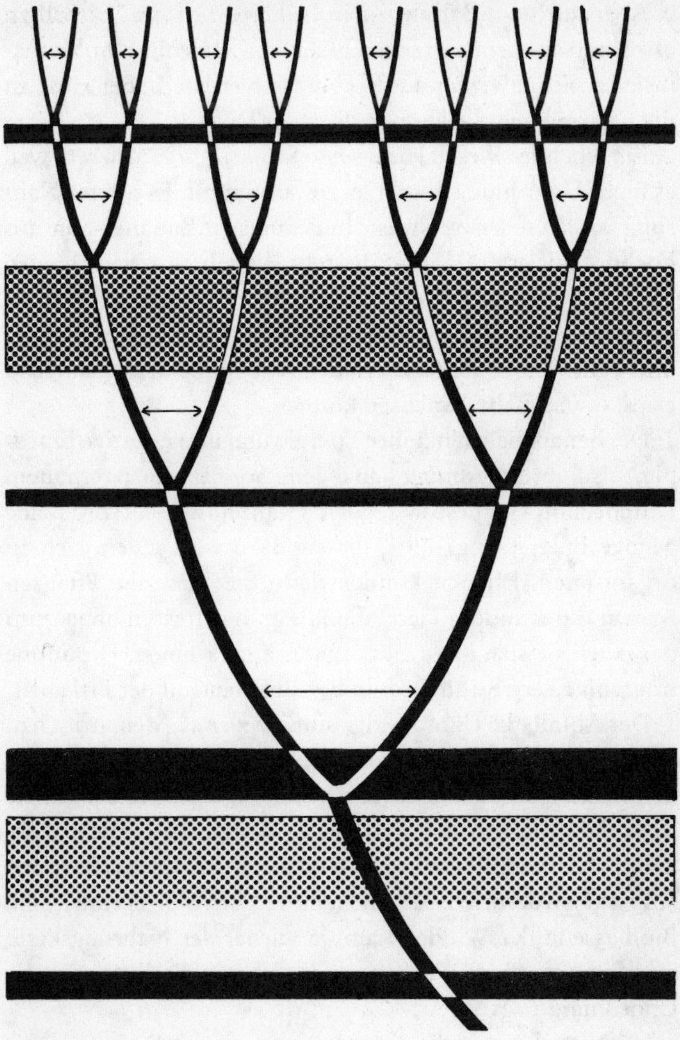

Bifurkationskaskade als Entropiemaß

Aber auch ein Baby ist kein isoliertes System. Es will zu essen haben – große Mengen Essen, die in weniger wohlorganisierter Form wieder ausgeschieden werden. In der Hose ist die Entropie sehr viel höher als in der Dose.

Ein lebendes Wesen kann seine Struktur organisieren, weil es mehr Unordnung abgibt, als es aufnimmt. Es nimmt Nahrung zu sich – beispielsweise in Form einer Banane –, die aus hochorganisierter Materie besteht. Es gibt Ausscheidungen ab, die in wesentlich geringerem Maße organisierte Materie enthalten. Der Unterschied zwischen dem Maß an Energie und Entropie in Bananen und in der Windel ist genügend groß, so daß Babys wachsen können.

Die Banane selbst hat ihre Energie und ihre negative Entropie, also ihre Ordnung, aus dem Sonnenschein erhalten. Durch Photosynthese wird den Pflanzen auf der Erde eine Menge Energie zugeführt, die sie dazu verwenden, sich zu organisieren. Danach können dann die Tiere die Pflanzen fressen (oder andere Tiere, die Pflanzen gefressen haben), so daß auch sie sich ihrerseits organisieren können. Die Sonne trägt mit Energie und Ordnung zum Leben auf der Erde bei.

Der Abfall, die Unordnung, muß wieder aus dem irdischen System heraus, wenn sich das Leben über längere Zeit auf dem Planeten halten soll (das ist es, was den Menschen zur Zeit nicht recht in den Kopf will). Aber man braucht dazu keine Weltraumraketen mit vollgemachten Babywindeln ins All zu befördern. Die stoffliche Seite der Angelegenheit, die Biomasse in der Windel, kann ja wieder der Nahrungskette zugeführt werden. Was weg muß, ist nur die Entropie, die Unordnung.

Und weg kommt die Unordnung, weil der Entropiehaushalt der Erde ausgeglichen ist. Die Strahlung, die von der

Sonne kommt, enthält weniger Entropie als die, die von der Erde in den Weltraum abgegeben wird. Und in der Strahlung der Erde ist wiederum weniger Entropie als in der, die den Weltraum füllt. Das bedeutet, daß die Erde Entropie in den Weltraum exportieren kann. Die Erde exportiert genausoviel Energie, wie sie von der Sonne bekommt; aber sie exportiert mehr Entropie, als sie von der Sonne bekommt. Deshalb kann es Leben auf der Erde geben.

Das Himmelsgewölbe

Wir leben in einem Universum, dessen Himmel dunkel ist; die Sterne sind nur Klümpchen an einem Himmel aus Nichts. Jenseits dieser Sterne ahnen wir einen Hintergrund, der mit dem bloßen Auge nicht zu sehen, aber mit Radioteleskopen zu hören ist. Das ist die Hintergrundstrahlung, der kosmische Himmel; die gestreute Strahlung aus der Zeit des Urknalls. Wenn wir sie beobachten, schauen wir zwischen den Sternen in eine Zeit zurück, in der das Universum sich noch im Gleichgewichtszustand befand und kein Strom von irgendeiner Materie in den Raum fließen konnte, so daß also auch Leben noch nicht möglich war.

Diesen Himmel mit seinen Sternen, der davon zeugt, daß das Universum fern vom Gleichgewicht ist, sehen wir nur in der Nacht, wenn unser lokaler Stern selbst nicht am Himmel steht. Wenn er aber da ist und das Leben mit seiner Strahlung nährt, dann sehen wir einen blauen Himmel über uns.

Gäbe es den blauen Himmel, wenn wir nicht da wären?

Der blaue Himmel

Ludvig Valentin Lorenz gelang es 1890 als erstem, die Anzahl der Moleküle in der Luft zu messen. Er ging dabei von Betrachtungen über die blaue Farbe des Himmels aus, und er kam zu dem Ergebnis, daß Luft «pro Kubikmillimeter eine Anzahl von $0{,}0163 \times 10^{18}$ Kugeln mit einem Radius von mindestens $0{,}141^{-6}$ Millimeter» enthalten mußte.[1]

Der Wert ist nicht ganz korrekt, wenn man ihn mit der heutigen Meßgenauigkeit überprüft, und doch war damit eine der wichtigsten Naturkonstanten bestimmt, nämlich die, wie viele Moleküle in einem gegebenen Volumen (Mol) Luft oder eines anderen Stoffes enthalten sind. Diese Größe, die nach einem italienischen Physiker als Avogadro-Konstante bezeichnet wird, ließ sich mit Hilfe einer Berechnung allein auf Grundlage der Beobachtung bestimmen, daß der Himmel blau ist.

Von der Nachwelt wurde die ewige Ehre für diese scharfsinnige Beobachtung allerdings nicht dem Dänen Lorenz zugesprochen. Er veröffentlichte seine Berechnung 1890 auf Seite 59 einer Abhandlung über «Die Bewegung des Lichts inner- und außerhalb einer von ebenen Lichtwellen beleuchteten Kugel» in der Schriftenreihe der Königlich-dänischen Gesellschaft der Wissenschaften. Obwohl die englische Sprache in den Naturwissenschaften des 19. Jahrhunderts bei weitem nicht so eindeutig dominierte wie heute, war eine längere Abhandlung auf dänisch kaum der effektivste Weg, ein so bedeutsames Ergebnis bekanntzumachen.

Die Ehre wurde dem Briten Lord Rayleigh (geborener John William Strutt) zuteil, der 1899 genau die gleiche Überlegung veröffentlichte. Erst 1939 machte der Physikhistoriker Mogens Pihl in einer Dissertation über seinen Landsmann Lorenz darauf aufmerksam, daß diesem «die Priorität zuerkannt» werden müsse[2], doch hat diese Einsicht in heutigen Nachschlagewerken keine weiteren Spuren hinterlassen.[3]

Aber was recht ist, muß recht bleiben: Ohne Lord Rayleighs Forschungen wäre die Farbe des Himmels nicht zu verstehen. Er fand 1871 eine Formel für die Streuung des Sonnenlichts in der Erdatmosphäre, die es Lorenz später ermöglichte, die Avogadro-Konstante zu bestimmen. Und in Rayleighs Formel von 1871 ist die Erkenntnis enthalten, warum der Himmel blau ist.

Die Wellenlänge von Blau

Die Sonne ist weiß. Mir ist es zwar immer so vorgekommen, als sei sie gelb, aber in allen Büchern steht, sie sei weiß, vorausgesetzt, sie steht hoch genug am Himmel. Bei glasklarem Wetter von einem Berggipfel in der Nähe des Äquators aus gesehen, wo sie direkt über dem Scheitel steht, ist sie angeblich weiß. Und die Astronauten, die sie von einem Raumschiff aus gesehen haben, sagen ebenfalls, daß sie weiß sei.

Manchmal ist sie natürlich auch rötlich, wenn sie nämlich tief am Horizont steht – ein Phänomen, das auf allen Breitengraden zu beobachten ist. Doch meistens ist sie gelb oder rot, gesehen von einer Position aus, die, wie Nordeuropa, weit entfernt vom Äquator liegt (hier bringe ich eilends die in einem Text über das Sonnenlicht obligatorische Warnung an, daß man nicht direkt hineinblicken darf, außer wenn sie sehr rot und schwach ist; in eine weiße Sonne zu schauen schadet den Augen). Die Farben der Sonne (wie auch des Mondes) erklären sich genauso wie die Farbe des Himmels: durch die Rayleigh-Streuung, die 1871 entdeckt wurde.

Das weiße Licht der Sonne enthält alle Farben des Spektrums, von Rot bis Blau. Die Farben des Lichts – Eigenschaften, die wir Menschen infolge biologischer Entwicklung *sehen* können – sind physisch als verschiedene Wellenlängen zu verstehen. Licht besteht aus elektromagnetischen Wellen, genauso wie Radiowellen und Röntgenstrahlen. Der einzige Unterschied zwischen Licht und anderen elektromagnetischen Strahlen ist die spezifische Wellenlänge. Sie läßt sich als Entfernung zwischen zwei Kämmen oder zwei Tälern in der Abfolge der Wellen veranschaulichen, die in einem Lichtstrahl enthalten sind. Allerdings ist Licht nicht ganz dasselbe wie Wellen auf einer Wasseroberfläche, es besteht vielmehr aus wechselnden elektrischen und magnetischen Feldern, die sich im leeren Raum ausbreiten, was aber in diesem Zusammenhang nicht so wichtig ist.

Die Wellenlänge sichtbaren Lichts ist recht klein, in der Größenordnung um 0,0005 Millimeter. Es gibt viele Formen, einen solchen Wert darzustellen; wir entscheiden uns hier für die Angabe in Nanometern, also Milliardstel Metern. Wichtig ist in unserem Zusammenhang, daß rotes und blaues Licht sehr verschiedene Wellenlängen haben. Das rote Licht hat die größte Wellenlänge (und damit die geringste Energie), ungeführ 780 Nanometer. Das blaue Licht hat eine Wellenlänge um 380 Nanometer (und entsprechend mehr Energie). Auch die übrigen Farben des Spektrums haben jeweils eine besondere Wellenlänge, Rot und Blau aber bilden die Extreme. 500 Nanometer entsprechen grünem Licht, das etwa in der Mitte der Farbenreihe des Spektrums liegt und für welches das menschliche Auge besonders sensibel ist.

Diese Zahlenwerte sind deshalb wichtig, weil Rayleighs Formel von 1871 besagt, daß die Art und Weise, in der die Atmosphäre das Sonnenlicht streut, von der Wellenlänge des Lichts in vierter Potenz abhängt. Damit ist mathematisch ausgedrückt, daß schon sehr geringe Unterschiede in der Wellenlänge sehr große Auswirkungen haben können.

Wenn wir das Verhältnis von 780 Nanometern (rotes Licht) zu 380 Nanometern (blaues Licht) nehmen, erhalten wir die Zahl 2 – wenn wir diese Zahl nun in die vierte Potenz erheben, sind es 16. Aus Rayleighs Formel folgt also, daß eine Farbe des Lichts, zum Beispiel ein bestimmtes Rot, um ein Vielfaches, hier sechzehnmal mehr gestreut wird als eine andere Farbe, zum Beispiel ein bestimmtes Blau. Sie besagt auch, daß blaues Licht von der Luft am stärksten gestreut wird.

Dafür gibt es einen Grund. Die Luft besitzt die Fähigkeit, das Licht zu streuen, weil sie aus sehr kleinen Molekülen besteht, ungefähr tausendmal kleiner als die Wellenlänge des Lichts. Wenn Licht auf Luftmoleküle trifft, wirken seine elektrischen und magnetischen Kräfte auf die Elektronen ein, die in dem Molekül kreisen. Elektronen sind Elementarteilchen mit negativer elektrischer Ladung, die sich auf Bahnen um die Kerne der in den Luftmolekülen vorhandenen Atome bewegen. Ein Elektron, das dem Einfluß von Licht ausgesetzt wird, erhält einen Zuwachs an Energie. Es verändert seine Umlaufbahn um den Atomkern, gibt die neue Lage aber schnell wieder auf. Um dazu fähig zu sein, muß das Elektron die hinzugewonnene Energie wieder loswerden, und das geschieht, indem es ein wenig Licht abgibt. Damit die Rechnung aufgeht, muß dieses Licht gleich viel Energie, also die gleiche Wellenlänge haben wie das Licht, welches das Elektron ursprünglich in seiner Bahn gestört hat. Das Endergebnis ist also scheinbar gleich Null: Das Licht stört das Elektron, dieses erhält von ihm ein wenig Energie, die es aber sofort wieder in Form von Licht in derselben Farbe abgibt.

Und doch gibt es einen grundlegenden Unterschied: Wenn das Elektron das Licht wieder abgibt, geschieht das in beliebiger Richtung. Es besteht kein Zusammenhang zwischen der Richtung, aus der das Licht kommt, wenn es auf das Molekül mit seinen Elektronen trifft, und der Richtung, in der die Elektronen das Licht emittieren. Deshalb nennt man diesen Vorgang Streuung: Die Elektronen geben das Licht in allen Richtungen ab, ungeachtet des Umstands, daß das gesamte Licht aus einer bestimmten Richtung gekommen ist, nämlich aus der Richtung der Sonne.

Gestreutes Licht enthält also keinerlei Information mehr über seine ursprüngliche Bewegungsrichtung. Wenn wir gestreutes Licht sehen, wissen wir nicht, woher es gekommen ist. Es sieht aus, als komme es von überall. Also vom Himmel.

Aber die Moleküle können nicht jede Art von Licht gleich gut streuen. Am besten gelingt es ihnen bei ultraviolettem Licht, aber das können wir nicht sehen. Dem ultravioletten Licht, das Wellenlängen unterhalb von 380 Nanometern hat, ist im Spektrum des sichtbaren Lichts das blaue am nächsten. Blaues Licht ist am ehesten in der Lage, ein Elektron zu stören

– und deshalb wird es auch am häufigsten von einem Molekül emittiert, das gestört worden ist.

Trifft das Sonnenlicht auf die Erdatmosphäre, wird ein Teil des Lichts gestreut. Durch Rayleighs Formel wissen wir, daß blaues Licht sechzehnmal mehr gestreut wird als rotes. Was nicht so zu verstehen ist, daß ein blauer Lichtstrahl auch tatsächlich sechzehnmal stärker gestreut wird als ein roter; vielmehr ist die Wahrscheinlichkeit, daß ein blauer Lichtstrahl gestreut wird, sechzehnmal größer ist als bei einem roten. Dieser Unterschied, dieser Faktor 16, bedeutet praktisch, daß blaues Licht gestreut wird, rotes dagegen nicht.

Das rote Licht, das nicht gestreut wird, behält seine Richtung bei. Wir können sehen, woher es kommt: von der Sonne. Das blaue Licht dagegen wird gestreut, und wir wissen nicht mehr, woher es kommt. Wir können nicht sehen, daß es von der Sonne kommt. Es kommt von allem, was über uns ist; von dem, was wir Himmel nennen. Und der ist also blau.

Aber der Himmel ist bekanntlich nicht immer blau. Er kann zum Beispiel weiß sein, weil er mit Wolken bedeckt ist. Das hängt damit zusammen, daß Wolken nicht aus Luftmolekülen bestehen, die kleiner sind als die Wellenlänge des Lichts, sondern aus Wassertropfen oder Eiskristallen, die viel größer sind – ungefähr fünfzigmal so groß wie die Wellenlänge des Lichts. Wassertropfen lassen sich deshalb von den unterschiedlichen Wellenlängen der verschiedenen Farben von Licht nicht beeinflussen, denn diese sind alle viel kleiner als der Tropfen. Alle Farben werden genau gleich gestreut, und so erhalten Wolken ihre charakteristische weiße Farbe. Auch wenn sie ein drohendes Aussehen annehmen und schlechtes Wetter anzeigen, Wolken können immer nur mit den unbunten Nuancen von Grau bis Schwarz spielen.

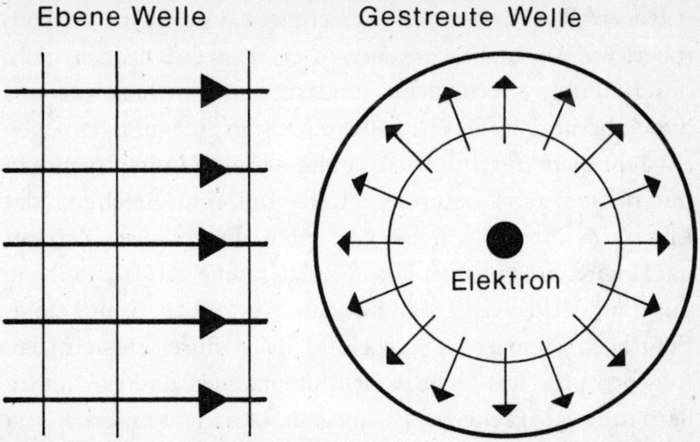

Lichtstreuung durch ein Elektron

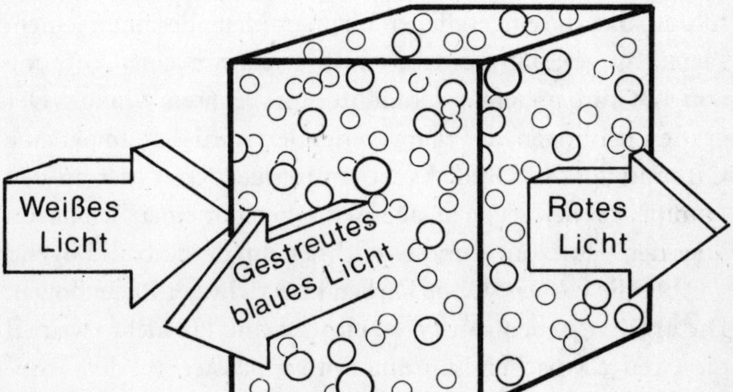

Lichtstreuung in einem Volumen Luft

Regenbögen haben natürlich ein weitaus größeres Farbenrepertoire als nur Grautöne. Aber sie werden auch nicht durch Wolken verursacht, sondern durch Wasser, das aus diesen herabfällt. Das besondere Licht in einem Regenbogen entsteht nicht durch Lichtstreuung wie am Himmel, sondern durch eine ganz besondere Reflexion und Brechung des Lichts im Innern von Regentropfen. Denkt man darüber nach, wird einem sofort bewußt, daß man einen Regenbogen nur dann sieht, wenn man mit dem Rücken zur Sonne steht. Ein Regenbogen ist ein Spiegelbild, das dadurch entsteht, daß Regentropfen das Licht in sich hineinlassen und es vom Innern ihrer Rückseite zurückspiegeln. Das Licht muß also erst in den Tropfen hinein; dann muß es sich am hinteren Rand des Tropfens spiegeln und dann wieder aus dem Tropfen heraus. Das sind drei Ereignisse, die zusammengenommen dazu führen, daß die eingefallenen Lichtstrahlen allesamt in einem Bogen ausgesandt werden, einem Kreis mit einer Öffnung von 42 Grad, ungefähr der Hälfte eines rechten Winkels. Der große Lichtbogen, der zu uns reflektiert wird, hat immer eine Öffnung von 42 Grad. Es ist ein riesiger Kreis, der an den Himmel gezeichnet wird, aber wir sehen nur einen Teil davon über dem Horizont – und bezeichnen ihn deshalb als Bogen.

Aber die Farben! Ohne Farben kein richtiger Regenbogen. Die aber entstehen ganz von selbst, wenn das Licht zweimal die Grenze zwischen Luft und Wasser passiert (in den Tropfen hinein und wieder heraus). Verschiedene Farben werden verschieden stark gebrochen (abgebogen), wenn sie eine Luft-Wasser-Grenze passieren – das rote Licht mit den erwähnten 42 Grad, das blaue Licht dagegen nur in einem Winkel von 40 Grad. Das Ergebnis ist, daß das rote Licht einen etwas größeren Bogen bildet als das blaue. Wir erhalten also das

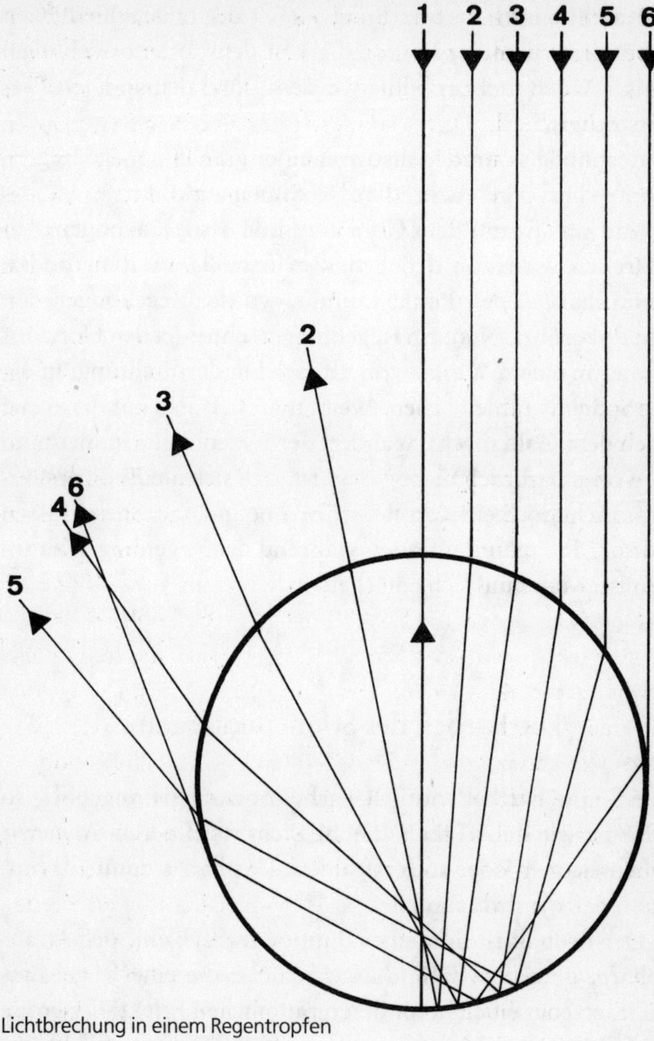

Lichtbrechung in einem Regentropfen

charakteristische farbige Band wegen der unterschiedlichen Öffnungswinkel der Bögen, die von dem roten beziehungsweise blauen Licht gebildet werden – und den anderen Farben dazwischen.

Regenbögen werden also von einer großen Menge Regentropfen hervorgebracht, die als Prismen wirken.

Und was ist mit dem Gold am Ende des Regenbogens? In Märchen wird von den Schätzen erzählt, die man findet, wenn man an den Punkt kommt, wo der Regenbogen den Boden berührt. Nun, ein Regenbogen schneidet den Horizont immer in einem Winkel von 42 Grad in der Richtung, in die die Sonnenstrahlen gehen. Wenn man sich also auf die Suche nach dem Gold macht, wandert der Regenbogen immer mit.

Womit natürlich nicht gesagt ist, daß sich am Ende des Bogens nicht doch ein Kessel mit Gold befindet; ausgeschlossen ist nur, daß man ihn findet, während der Regenbogen zu sehen ist. Man muß sich entscheiden.

Die Farben des Sonnenuntergangs

Die Sonne hat bekanntlich Farbe, obwohl sie angeblich so weiß ist wie die Wolken, die ihr Licht reflektieren. Aber wir sehen sie gelb oder rot erstrahlen. Das hängt damit zusammen, daß die Erde rund ist.

Der Erdball ist von einer dünnen Luftschicht, der Atmosphäre, umgeben. Eine dünne Schicht, die eine Kugel umhüllt, erzeugt einen besonderen räumlichen Effekt, der große Auswirkungen darauf hat, was mit dem Sonnenlicht geschieht.

Das Sonnenlicht dringt ja nicht immer durch gleich viel Luft hindurch. Mittags, wenn die Sonne am höchsten steht, strahlt es direkt im rechten Winkel auf die Erdoberfläche. Das ist die kürzeste Reiseroute durch die Atmosphäre. Wenn aber die Sonne tief über dem Horizont steht, ist der Weg ihres Lichts durch die Atmosphäre viel weiter.

Bei Sonnenaufgang (und -untergang) muß das Sonnenlicht also durch eine dicke Schicht Luft hindurch, bevor wir es sehen. Je mehr Luft, die das Sonnenlicht durchdringt, desto mehr blaues Licht wird durch Streuung vom roten getrennt. Wenn also viel Luft dazwischen liegt, muß mehr blaues Licht durch Streuung aus seiner ursprünglichen Ausbreitungsrichtung abgelenkt werden. Das rote Licht dagegen bleibt relativ ungestört und behält seine Richtung bei. Je mehr blaues Licht aber durch Streuung aus der Richtung der Sonne abgelenkt wird, desto stärker wird unsere Wahrnehmung der Sonne vom roten Licht dominiert.

Die Sonne ist also bei Sonnenuntergang rot, weil sich so viel Luft zwischen uns und der Sonne befindet, daß das blaue Licht in alle Richtungen gestreut ist. Deshalb sieht die Sonne rot aus. Nur das rote Licht ist übriggeblieben, der Rest ist gestreut. Das gleiche gilt für das Licht des Mondes, nur kann man beim Monduntergang nicht das faszinierende Farbenspiel zwischen rotem Licht, das direkt von der Sonne kommt, und blauem Licht, das gestreut ist, beobachten, das wir von Sonnenauf- und -untergängen kennen.

In Nordeuropa ist die Sonne normalerweise gelb, wiederum deswegen, weil das blaue Licht der weißen Sonne zum Teil gestreut ist, so daß sie ein gelbliches Aussehen annimmt. Erst wenn ein großer Teil des blauen Lichts gestreut ist, wird die Sonne richtig rot.

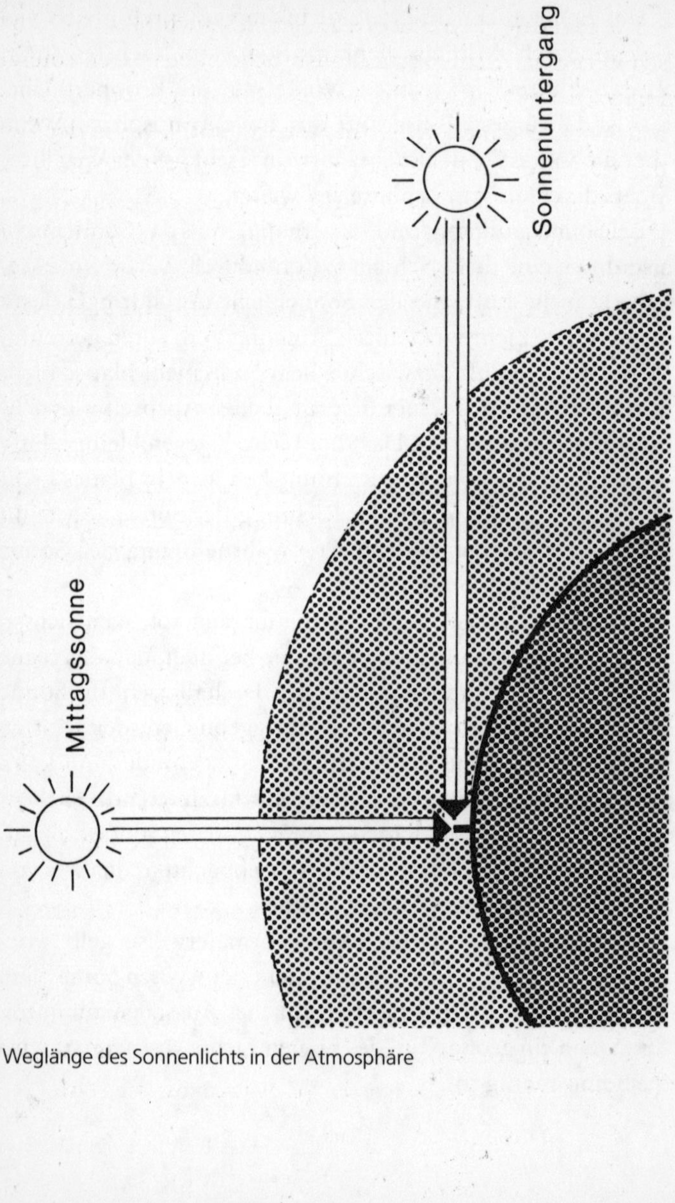

Weglänge des Sonnenlichts in der Atmosphäre

Die Farbe des Himmels verändert sich auch, wenn die Luft schmutzig ist. Große Vulkanausbrüche haben einen roteren Himmel zur Folge, so zum Beispiel 1883 der berühmte Ausbruch des Krakatau zwischen Sumatra und Java; in der Zeit danach wurde an der Ostküste der USA verschiedentlich die Feuerwehr gerufen, weil die Leute bei Sonnenuntergang Feuersbrünste zu sehen glaubten. Die Asche war über den ganzen Erdball verteilt, und Staubpartikel streuen das Licht anders als Luftmoleküle; vor allem wird das rote Licht stärker gestreut.

Ein Berg, den man aus großer Entfernung betrachtet, sieht blauer aus als ein Berg im Vordergrund. Die Ursache dieses Phänomens ist, daß die großen Luftmassen, die zwischen uns und dem Berg liegen, eine Menge gestreutes blaues Licht hervorrufen. Betrachten wir einen fernen Berg, dann sehen wir ihn zwar in Erdhöhe, aber doch durch ein Stück Himmel hindurch.

Gäbe es keine Atmosphäre, wären ferne Berge nicht blau. Und der Himmel auch nicht. Er wäre pechschwarz, so wie er erscheint, wenn man ihn von einem atmosphärelosen Himmelskörper wie dem Mond aus sieht, auch wenn die Sonne am Himmel steht.

Für einen blauen Himmel braucht man also eine Atmosphäre und einen Stern, der sie bescheint. Und ein Universum, das irgendwann einen Anfang gehabt hat, so daß der Himmel dahinter noch schwarz ist und das schöne blaue Licht nicht überglänzt.

Wenn man aber einen blauen Himmel hat, kann man ausrechnen, wie viele Moleküle in der Atmosphäre über dem eigenen Planeten vorhanden sind. Man nimmt die Formel, die von Rayleigh gefunden wurde. Sie drückt aus, wie stark Licht von unterschiedlicher Wellenlänge durch jede einzelne «Luftkugel» gestreut wird. Indem man die Stärke des blauen Lichts im Verhältnis zum gelben oder roten mißt, kann man die Anzahl der Kugeln in der Luft bestimmen. Das war es, was Ludvig Valentin Lorenz 1890 tat.

Der lebendige Planet

Jim Lovelock ist kein ganz gewöhnlicher Forscher, was zum Beispiel darin zum Ausdruck kommt, daß er seinen Lebensunterhalt freiberuflich verdient. Es liegt ihm nicht, an einer Universität, einem staatlichen Labor oder in der Industrie angestellt zu sein. Dabei würde es ihm nicht schwerfallen, bei solchen Institutionen eine Stelle zu finden. Seine grundlegenden Untersuchungen der chemischen Zusammensetzung der Atmosphäre haben nicht nur entscheidend dazu beigetragen, der Menschheit begreiflich zu machen, daß es so etwas wie globale Luftverschmutzung gibt; sie haben auch zu einer Reihe wichtiger Erkenntnisse über das Zusammenspiel zwischen der Erde als Planet und der Erde als biologischem Organismus geführt.

Anfang der sechziger Jahre sollte Lovelock im Auftrag der amerikanischen Raumfahrtbehörde NASA herausfinden, auf welche Weise die Raumsonden der NASA bei der Landung auf dem Mars feststellen könnten, ob es dort Leben gibt. Nach einigem Grübeln kam Lovelock zu dem Ergebnis, daß man keine Sonde auf einen Planeten zu schicken braucht, um nach Lebensformen Ausschau zu halten. Denn damit ginge man von der falschen Annahme aus, daß Leben irgend etwas

Nebensächliches sein kann, das sich in den Winkeln der planetarischen Umwelt abspielt, während der Planet selbst unbeeinflußt davon ist.

Lovelocks große Entdeckung war die, daß ein Planet wie die Erde mit sehr deutlichen Anzeichen zu erkennen gibt, daß auf ihm Leben existiert. Anzeichen, die man vom Mars aus sogar mit einem Fernrohr orten könnte. Vor allem die Atmosphäre der Erde ist sehr weit von einem Zustand entfernt, in dem sie sich befände, wenn es kein Leben auf ihr gäbe. Eine Erde ohne Leben wäre von einer Atmosphäre umgeben, die überwiegend aus Kohlendioxid bestünde. Das entspricht ganz den Verhältnissen bei den Nachbarplaneten Venus und Mars, deren Luft über 95 Prozent Kohlendioxid enthält; die Luft der Erde bestünde, gäbe es kein Leben auf ihr, nach Lovelocks Schätzung zu 98 Prozent aus Kohlendioxid.

Andererseits wäre – so wie bei Venus und Mars – in der Atmosphäre einer Erde ohne Leben im großen und ganzen kein Sauerstoff oder Stickstoff vorhanden. Die Atmosphäre der Erde enthält 21 Prozent Sauerstoff – der Sauerstoff, von dem wir Tiere leben und den wir atmen. Stickstoff, der für bestimmte Pflanzen und Bakterien wichtig ist, macht zur Zeit 79 Prozent der Erdatmosphäre aus.

Die dramatischen Verschiebungen in der Zusammensetzung der Erdatmosphäre sind Ausdruck des Einflusses, den das Lebendige auf den Planeten hat. Früher hat die Erde einmal eine Atmosphäre ohne Sauerstoff gehabt. Die erste lange Entwicklungsphase des Lebens fand in einer solchen Atmosphäre ohne Sauerstoff statt. Sauerstoff ist ein äußerst reaktionsfreudiger Stoff (wie er wüten kann, wissen wir von Feuersbrünsten und Lebensmitteln, die ihn nicht vertragen), und als der Sauerstoff vor ungefähr zwei Milliarden Jahren entstand und zum Bestandteil der Atmosphäre wurde, hatten die Arten von Leben, die es damals auf der Erde gab, eine schwere Probe zu bestehen.

Daß der freie Sauerstoff in der Atmosphäre ein Produkt des Lebens ist, war bereits bekannt, bevor Lovelock die Bedeutung des Lebens für die Erde als Planeten analysierte. Aber es ist kein Zufall, daß seine Untersuchung im Zusammenhang mit der Erforschung der Nachbarplaneten durch die Menschen erfolgte. Man übersieht leicht, was die Erforschung des Sonnensystems für unser Wissen über unseren eigenen Planeten bedeutet. Die ersten Bilder der Erde, die vom Mond aus aufgenommen wurden, kamen gerade zu einer Zeit, als das Verständnis für das «Raumschiff Erde» aufzukeimen begann – die Erde als ökologisches System, in das man nicht hemmungslos seinen Dreck ablassen kann, wenn man will, daß auch in Zukunft alles gut geht.

Darüber hinaus aber hat die Erkenntnis der Verhältnisse auf Venus und Mars in fast beängstigender Weise deutlich gemacht, wie sehr die Erde über Milliarden von Jahren in Gefahr gewesen ist, in einen der beiden Abgründe zu fallen, in denen unsere beiden Schwesterplaneten gelandet sind:

Die Venus im Abgrund des Treibhauseffekts, der bei einem hohen Kohlendioxidgehalt der Atmosphäre zu einer Erwärmung führt, die wiederum mehr Kohlendioxid entstehen läßt, das seinerseits zu weiterer Erwärmung führt, so daß Venus heute etwa 500 Grad Celsius heiß ist (heißer, als eine Treibhaus-Erde je sein könnte, da die Erde weiter von der Sonne entfernt ist als die Venus).

Der Mars im Abgrund der Eiszeit, die dadurch entsteht, daß die wärmenden Gase der Atmosphäre wie Kohlendioxid und Wasserdampf zu Eis gefroren sind, das sich an den Polen

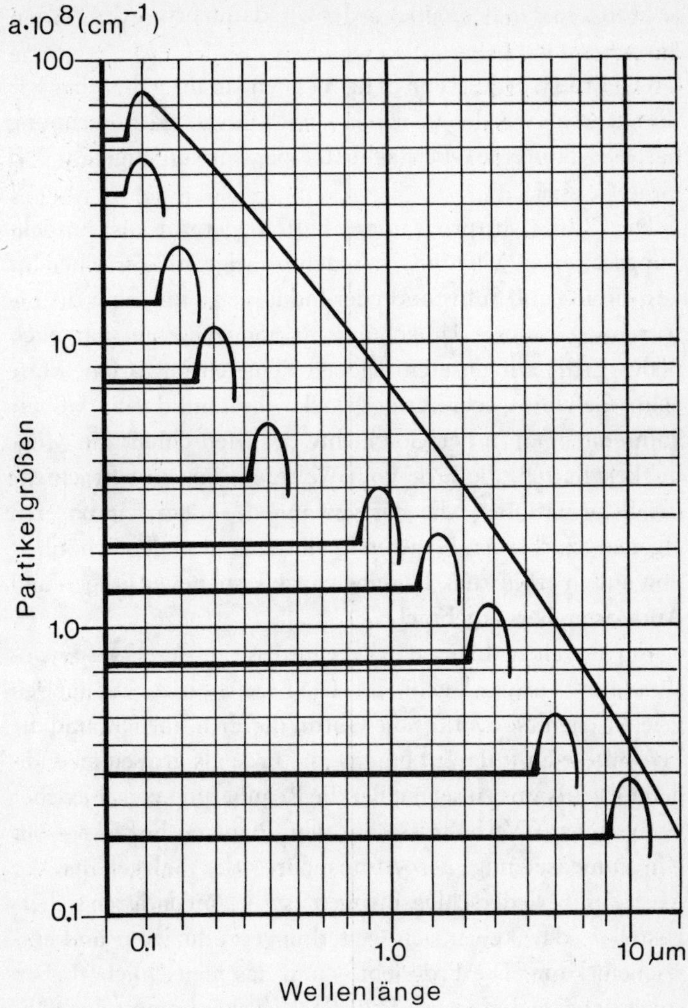

Atmosphäre: Abhängigkeit der Wellenlänge von der Dunststreuung

ablagert, so daß der Planet in der Umklammerung des Permafrostes erstarrt.

Die Erde würde, wenn es kein Leben auf ihr gäbe, eher wie die Venus als wie der Mars sein – nach Lovelocks Berechnung hätte sie dann eine Oberflächentemperatur von ungefähr 290 Grad Celsius.

Die Raumfahrtprogramme hatten, getarnt als Entdekkungsreisen, gewiß mit Großmachtprestige, militärischen Investitionen und Subvention der Industrie zu tun, aber die Erforschung unserer Umgebung im Sonnensystem hat auch neues Licht auf unseren eigenen Planeten geworfen. «Der echte Gewinn», schreibt Lovelock, «bestand darin, daß wir zum erstenmal in der Geschichte der Menschheit die Möglichkeit hatten, die Erde vom Weltraum aus zu betrachten; die Informationen, die wir gewannen, indem wir unseren eigenen azurblauen Planeten in all seiner globalen Schönheit von außen erblickten, hat eine ganze Liste neuer Fragen und Antworten hervorgebracht.»[4]

Jim Lovelock hat seine Erkenntnisse in der *Gaia-Hypothese* zum Ausdruck gebracht. Die Bezeichnung geht auf den griechischen Namen für die Göttin der Erde zurück, und die Hypothese läuft darauf hinaus, die Erde als großen lebendigen Organismus zu sehen, der die Regulierung verschiedener «physischer» Verhältnisse auf dem Planeten bewirkt – der Zusammensetzung der Atmosphäre, des Salzgehalts der Meere, der Niederschlagsmengen usw. –, um dadurch sicherzustellen, daß Leben sich weiterhin reproduzieren und entwickeln kann. Die Erde lebt – und das menschliche Leben spielt dabei nicht die größte Rolle. Viel eher kommt den Bakterien die entscheidende Bedeutung für die Regulierung des Lebens auf der Erde zu.

Vor einiger Zeit leitete Lovelock eine Darstellung der Gaia-Hypothese mit folgenden Worten ein: «Kann ein Planet, der fast ausschließlich aus Felsen besteht, die noch dazu zum größten Teil weißglühend oder geschmolzen sind, leben? Bevor man diese Vorstellung als absurd zurückweist, denke man an ein anderes großes, lebendiges Objekt: einen großen Mammutbaum, eine amerikanische Riesenkiefer. Sie lebt, obwohl sie zu 99 Prozent aus totem Holz besteht. Wie die Erde besitzt sie nur eine dünne, die Oberfläche bedeckende Haut aus lebendem Gewebe.»[5]

Der Himmel des Lebens

Für eine Frage, die angesichts der wissenschaftlichen Spezialisierung ungewohnt klingt, ist Jim Lovelock genau der richtige Mann. «Eine Frage von der guten alten naturhistorischen Art», wie er meint: «Auf solche Fragen ist heutzutage, wo die Wissenschaft so spezialisiert ist, nicht leicht eine Antwort zu bekommen. Die Wissenschaftler schauen nie zum Himmel.» Aber Lovelock nahm die Frage ernst.

Sie lautete: Wäre der Himmel blau, wenn es kein Leben auf der Erde gäbe?

«Meine Vermutung ist», sagt Lovelock, «daß der Himmel sehr viel weniger blau wäre, wenn es kein Leben auf der Erde gäbe. Das ist aber eine Antwort mit Vorbehalt. Es handelt sich um etwas, das wir nicht wissen. Aber es gibt einige gute Gründe zu glauben, daß eine Erde ohne Leben einen ganz anderen Himmel hätte.»

«Erstens», sagt er, «wirkt der Sauerstoff in der Erdatmosphäre reinigend. Die Luft ist durch den Sauerstoff sauberer. Auch das Regenwasser spült Schmutzpartikel heraus. Wir wissen, daß eine schmutzigere Atmosphäre das Licht anders streuen würde, und deshalb glaube ich nicht, daß der Himmel so blau wäre, wenn es kein Leben auf der Erde gäbe. Zweitens ist die Erde der einzige Planet, der einen blauen Himmel hat. Die anderen Planeten, Venus und Mars, haben offenbar rötlichere Himmel. Der Himmel der Venus ist eindeutig gelblich. Das ist einer der Gründe, weshalb ich glaube, eine Erde ohne Leben hätte einen gelblicheren oder vielleicht hellroten Himmel.»

Aber die Wolken? Wenn die Erde an die 300 Grad Celsius Oberflächentemperatur hätte, wäre der Himmel doch ständig mit Wolken bedeckt, so daß er auf keinen Fall blau sein könnte?

«Das ist sehr schwer zu sagen», entgegnet Lovelock. «Vielleicht gäbe es mehr Wolken, vielleicht weniger. Die Wolken würden wohl auch anders aussehen. Die Vermutungen, die wir anstellen können, sind nicht besonders gut begründet.»[6]

Die Frage, welche Farbe der Himmel über einer Erde ohne Leben hätte, fällt genau zwischen die Stühle von wissenschaftlichen Disziplinen wie Meteorologie, Chemie der Atmosphäre, Astronomie, Geologie und Biologie. Die Weltraumforscher nennen das Gebiet *planetary science*. Der amerikanische Astronom Carl Sagan von der Cornell University gehört zu den erfahrensten und führenden Planetenforschern der Welt. Die Atmosphären der inneren Planeten des Sonnensystems sind jahrzehntelang sein wichtigstes Forschungsfeld gewesen, obwohl er in breiteren Kreisen wegen anderer, spektakulärer Forschungen bekannter ist, auf die ich im nächsten Kapitel zurückkommen werde. Auf die Frage nach dem Aussehen des Himmels über einer Erde ohne Leben antwortet Sagan:

«Der Himmel ist blau wegen der Rayleigh-Streuung, verursacht durch die Luftmoleküle (und in geringerem Maße durch sehr feine Staubpartikel in der Luft). Das ist unabhängig davon, ob die Luft biologischen oder nichtbiologischen Ursprungs ist. Natürlich kann eine solche Atmosphäre mit feinen Partikeln verschmutzt sein, die farbig sind – so wie der Marshimmel durch schwebende eisenhaltige Lehmpartikel hellrot und die Atmosphäre der Venus durch schwebende Partikel aus Schwefel und seinen Verbindungen gelb gefärbt ist. Aber eine saubere Atmosphäre beliebigen Ursprungs mit einem Druck von 1 bar, wie wir sie auf der Erde haben, wird genau so blau sein wie gegenwärtig der Himmel über der Erde.»[7]

In Sagans Antwort steckt die gleiche Pointe wie in der von Lovelock: daß die Atmosphäre sauber sein muß, damit der Himmel blau ist. Aber Sagan geht nicht darauf ein, ob die Erdatmosphäre weniger sauber wäre, wenn es kein Leben auf der Erde gäbe, was ihm nicht zu verdenken ist.[8] Denn daß die Atmosphäre einer Erde ohne Leben so verschmutzt wäre, daß der Himmel sich wahrscheinlich nicht in blauer Pracht zeigen würde, *ist* eine spekulative und hypothetische Annahme. Solange man nicht mehr über den Zusammenhang zwischen Leben und Luft weiß als zur Zeit, muß die Frage eine Frage bleiben.

Trotzdem hat es seinen guten Sinn, sich mit dem blauen Himmel verwandt zu fühlen. Denn die ganze Atmosphäre der Erde ist ein Teil des Kreislaufs des Lebens auf dem Planeten; ein Teil des großen lebendigen Organismus namens Erde.

Man darf sich selbst als Teil dessen sehen, was diesen Himmel hervorbringt. Oder umgekehrt, da die Menschen nur ein kleines Steinchen in Gaias großem Spiel sind: Der blaue Himmel ist ein Phänomen, das mit der lebendigen Organisation zu tun hat, die sich des Menschen als eines ihrer biologischen Werkzeuge bedient. Der Himmel ist ein Teil von uns.

Bewußtsein

Der dunkle Himmel sagt uns, daß das Universum, in dem wir leben, einen Anfang gehabt hat; er sagt uns, daß das Universum, das seine Ausdehnung offenbar bis ins Unendliche fortsetzen wird, einen Startpunkt gehabt, daß die Ewigkeit begonnen hat. Der Himmel mit seiner sternenbesetzten Dunkelheit ist ein Ausdruck dafür, daß unser Universum fern vom thermodynamischen Gleichgewicht ist; daß die Temperatur der Materie weit über der des dunklen Strahlenhintergrunds liegt; daß von der Materie Energie und Ordnung ausstrahlen können, in den Raum hinaus.

Der kosmische Himmel sagt uns, daß das Universum einst einheitlich und gleichmäßig verteilt war; er sagt uns, daß alles gleichförmig, aber völlig chaotisch und erbsensuppenhaft war, weil Materie und Strahlung sich kaum unterschieden. Die Trennung von Strahlung und Materie aber, deren Fossil die kosmische Hintergrundstrahlung ist, war die Bedingung dafür, daß die Ausdehnung des Universums das thermodynamische Nichtgleichgewicht erzeugen konnte, das von Leben genutzt wird, um sich zu organisieren und informationstragende Strukturen hervorzubringen.

Der blaue Himmel sagt uns, daß das Licht des Muttersterns

Bewußtsein

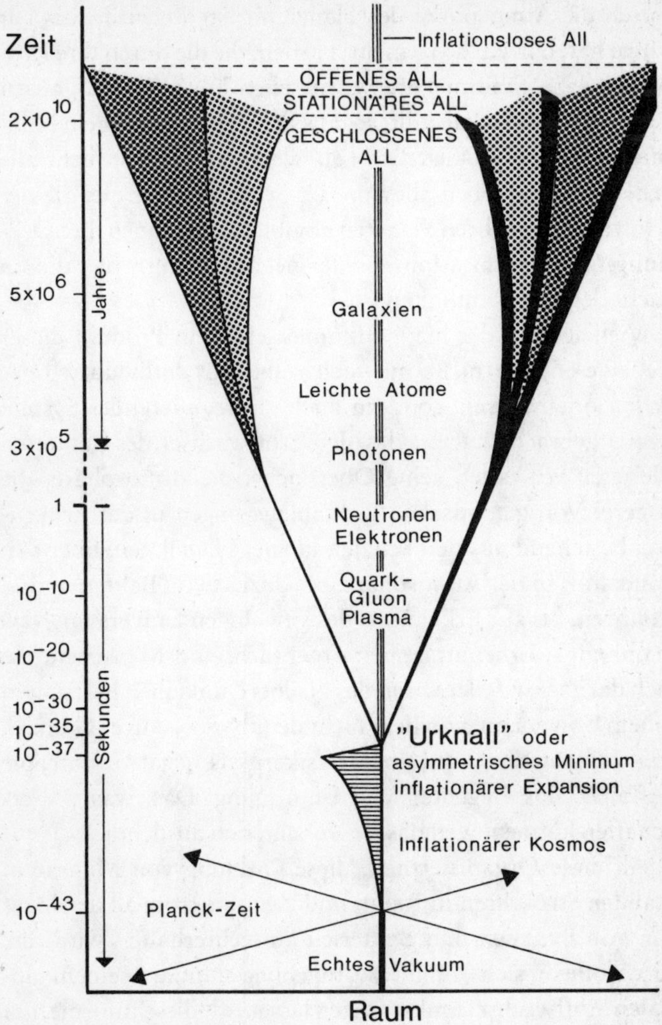

Anthropisches Prinzip des Weltalls

durch die Atmosphäre des Planeten gestreut wird, was zur Folge hat, daß ein Extrem der Farben, die die durch ihre Evolution dazu fähigen Lebewesen sehen können, den ganzen Raum über ihnen ausfüllt, so daß sich bei Tageslicht ein Himmel über ihnen bildet. Die Lebewesen, die längst nicht alle sehen können, leben alle von der Strahlungsenergie, die der Mutterstern an ihren Planeten abgibt. Sie gewinnen ihre Ordnung und Organisation aus der negativen Entropie, die im Licht des Sterns enthalten ist.

Vielleicht ist der blaue Himmel selbst ein Produkt dieser Lebewesen, die nicht nur sich selber als Individuen oder Arten organisieren, sondern auch ein regulierendes System hervorgebracht haben, das den Stoffwechsel des gesamten Planeten verwaltet, seine Oberfläche, die Atmosphäre, die Meere. Von gigantischen Kalkablagerungen in der Erdkruste, bestehend aus den Schalen kleiner Flagellaten, über den Sauerstoff in der Atmosphäre, produziert von Bakterien und Pflanzen, bis zur Erkenntnis des gewaltigen Universums, das sie umgibt; Erkenntnis, hervorgebracht von Menschen, die sich darüber wundern, daß des Nachts Dunkelheit herrscht in einem Universum, von dem nicht denkbar ist, daß es Grenzen hat. Information wird von Physikern als negative Entropie definiert, das Gegenteil von Unordnung. Das, was wir erschaffen können, weil das Universum sich ausdehnt.

All diese Organisiertheit, diese Ordnung von Materie in stabilen Strukturen in Raum und Zeit, die trotz all der Massen von Bananen und Bakterien aufrechterhalten wird, die die Atome in sich und ihrer Umgebung ständig in einem globalen Stoffwechsel umhertanzen lassen; all diese Information wird hervorgebracht von einem Strom negativer Entropie, der von der Sonne ausgeht und den die Erde als Organismus nur deshalb nutzen kann, weil der Weltraum so bereitwillig Mikrowellen aufnimmt, die wärmer sind als der kosmische Hintergrund von 3 Kelvin, das Relikt der Ausdehnung des Universums.

Die Richtung der Zeit, die man aus den Naturgesetzen, wie wir sie in der Schule gelernt haben, nicht herauslesen, dafür aber in jedem alltäglichen Ereignis sehen kann, ist vorgegeben durch die Richtung des Universums: Ausdehnung. Der irreversible Gang der Zeit, die Zunahme von Entropie im Weltraum, die vom Lebendigen genutzt wird, um die lokale Entropie im Organismus zu reduzieren, all das ist durch die Ausdehnung gegeben.

Die Kosmologen wissen nicht, wie die Ausdehnung begann und was sie in Gang gesetzt hat. Aber mit der Theorie der achtziger Jahre, der zufolge eine große Inflation, ein Aufblähen kurz nach dem Anfang, alles gleichgemacht und den isotropen Zustand herbeigeführt hat, von dem die Hintergrundstrahlung zeugt, ist eine Vorstellung entstanden, der sich viele Kosmologen anschließen. Die Vorstellung einer Schöpfung *ex nihilo*, einer Schöpfung aus dem Nichts. Die Gesetze der Physik, wie wir sie heute kennen, lassen es zu, daß im leeren Raum Teilchen entstehen. Diese müssen eine ganze Reihe sehr streng gefaßter Regeln einhalten. Sie müssen in der Lage sein, zu kollidieren und sich gegenseitig auszulöschen, wenn eine bestimmte Zeitspanne, die von den Gesetzen der Quantenphysik bestimmt wird, vergangen ist. Dann müssen sie wieder verschwinden, so daß der Raum erneut zum Vakuum wird.

Die Idee einer Schöpfung *ex nihilo* beruht auf der wissenschaftlichen Voraussetzung, daß die Energie des Universums insgesamt null ist. Das hängt mit der Ausdehnung zusammen.

Es gehört eine Menge Energie dazu, die Galaxien in ihre Fluchtbewegung zu bringen; umgekehrt haben diese Galaxien auch eine gewaltige negative Energie, indem sie einander anziehen. In der Situation, an die die meisten Kosmologen heute glauben – daß sich nämlich die Ausdehnung des Universums bis ins Unendliche fortsetzen wird –, muß die Energie, die in Materie und Strahlung des Universums vorhanden ist, genau die negative Energie aufwiegen, die in seinem Schwerefeld wirksam ist. Die Energie ist dann insgesamt null. Aus dieser Sicht läßt sich die Schöpfung verstehen als eine Art Quantenstörung in einem Nichts, das durch die Inflation zu einem sich ausdehnenden Universum angeschwollen ist. Und eine Null, sagt die Quantenphysik, kann beliebig lange existieren.

Wenn das Universum aus nichts erschaffen ist, kann man sich fragen, was Ausdehnung eigentlich ist. Eine Differenz im Nichts, die alles erschaffen hat? Eine Scheidung, eine Trennung, aus der eine Welt hervorging, in der die Trennung von Materie und Strahlung wiederum zur Existenzbedingung des Lebens wurde? Das Universum ist ein Unterschied, der einen sehr großen Unterschied bewirkt hat.

Man ist versucht, die Ausdehnung mit Bewußtsein gleichzusetzen. Ohne die Ausdehnung des Universums keine Informationsverarbeitung in biologischen Zentralnervensystemen; ohne die Ausdehnung kein Wunder der biologischen Entwicklung.

Aber wenn die Ausdehnung des Universums eine Voraussetzung für die Entstehung von Bewußtsein und Einsicht in seine Rätsel ist, muß es dann nicht auch andere Gegenden in diesem unendlichen Universum geben, in denen der kleine Trick mit der Entropie und der Information genutzt wird?

Ein ganzes Universum dehnt sich aus, aber nur auf unserem kleinen Planeten sollte es Wesen wie Wale, Delphine und Menschen geben, die Gesänge und Sprachgemeinschaften hervorbringen?

Es muß jemanden im siebten Himmel geben.

Der siebte Himmel

Carl Sagan ist ein Mensch mit ganz besonderer Ausstrahlung. Er ist einer der wenigen echten Renaissancemenschen unserer Zeit. Ein allumfassender Intellekt mit weitreichenden Interessen und Ambitionen in Kunst und Wissenschaft. Ein Publizist von Format und ein bedeutender Forscher. Sein Fachgebiet *planetary science* ist das Studium der Planeten in Sonnensystem und Universum, auch der Erde. Mitsamt der Frage nach Leben auf anderen Planeten. Und die ist ihm eine Herzensangelegenheit.

1971 hielten die russische und die amerikanische Akademie der Wissenschaften eine gemeinsame Konferenz in Armenien ab, auf der Astronomen, Physiker, Chemiker, Informatiker, Biologen, Sprachforscher, Archäologen, Soziologen, Historiker und Anthropologen beider Supermächte und ihrer Alliierten über CETI diskutierten. Der Begriff wurde zu Beginn der Konferenz von Carl Sagan erläutert, der zusammen mit dem russischen Astronomen W. A. Ambartsumian die Veranstaltung leitete:

«Das Wort CETI, das anläßlich dieses Treffens geprägt wurde, erscheint mir in dreierlei Hinsicht zweckmäßig. Erstens ist es eine Abkürzung für *Communication with Extraterrestrial Intelligence.* Zweitens ist es die Genetivform von lateinisch *cetus*, ‹der Wal›, was für unsere Diskussion von

Bedeutung ist; die Wale bilden ohne Zweifel eine zweite Gruppe intelligenter Lebewesen auf unserem Planeten, und man hat behauptet, daß wir, solange wir nicht mit ihnen kommunizieren können, nicht imstande sein werden, mit Zivilisationen außerhalb der Erde zu kommunizieren. Und schließlich ist *Tau Ceti* der Name eines der beiden Sterne, die von Frank Drake im Rahmen des Projekts Ozma zuerst untersucht wurden, des ersten experimentellen Versuchs in dieser Richtung.»[1]

Das Projekt Ozma, das 1960 begann, war die erste seriöse Unternehmung mit dem Ziel, nach Signalen außerirdischen Lebens zu suchen. Es wurde von dem Radioastronomen Frank Drake geleitet, der damals an dem neu errichteten amerikanischen Observatorium für Radioastronomie in Green Bank, West Virginia, arbeitete. In einem Bericht des Wissenschaftsredakteurs der *New York Times*, Walter Sullivan, über den Beginn der Forschungen heißt es:

«Am 8. April 1960, ungefähr um vier Uhr morgens, wurde die Automatik im Kontrollgebäude unter der großen schirmförmigen Antenne so eingestellt, daß diese sich auf den Stern Tau Ceti richtete, der gerade über dem gebirgigen Horizont im Südwesten aufgegangen war, und ihm auf seinem Weg entlang der Himmelskuppel folgte. Man schaltete den Empfänger ein, und zum erstenmal versuchte das zweibeinige Tier, das wir Mensch nennen, Signale von Wesen unbekannter Physiognomie aus einer anderen Welt aufzufangen. Nachmittags begann der Stern am westlichen Himmel unterzugehen. Ein ungewöhnliches Signal war nicht registriert worden, und Frank Drake entschloß sich für ein anderes Ziel, [den Stern] Epsilon Eridani. Die Messungen der Instrumente wurden doppelt aufgezeichnet: als Geräusch über einen Lautsprecher und als Auslenkungen auf dem Papierstreifen. Kurz nachdem die Antenne auf Epsilon Eridani gerichtet worden war – und bevor der Lautsprecher eingeschaltet wurde –, begann die Nadel, die das Papier beschrieb, ‹jeden Rahmen zu sprengen›, um Drakes Ausdruck zu benutzen. Ein sehr starkes Signal wurde empfangen! Man stellte den Empfänger auf eine geringere Stärke ein, und die Nadel zeichnete eine Serie rascher Pulse auf, ungefähr acht in der Sekunde, mit so gleichmäßigen Zwischenräumen, daß sie nur von intelligenten Wesen stammen konnten. Als der Lautsprecher eingeschaltet wurde, konnte man die Pulse hören, die mit maschinenhafter Präzision eintrafen. Es herrschte, so Drake, ‹ein milder Zustand wilder Verwirrung› im Kontrollraum.»[2]

Später sollte sich zeigen, daß das, was man gehört hatte, die geheime militärische Erprobung von Radarschutzmaßnahmen gewesen war.

Aber der falsche Alarm beim Projekt Ozma war längst nicht der letzte. Die Suche nach intelligenten Wesen außerhalb der Erde wurde zu einer wissenschaftlichen Disziplin, die inzwischen unter dem Namen SETI – *Search for Extraterrestrial Intelligence* – läuft; etwas weniger ambitiös als Sagans ursprüngliches Akronym, aber auch entsprechend weniger poetisch.

1982 wurde eine eigene Sektion innerhalb der IAU, der Internationalen Astronomischen Union, eingerichtet, die zum Forum der internationalen Untersuchungen auf diesem Gebiet wurde. Mit der Einrichtung der *IAU Section 51 – Search for Extraterrestrial Life* hat das Forschungsgebiet seinen offiziellen Segen bekommen.

Während der sechziger, siebziger und achtziger Jahre wurde mit zunehmender Intensität nach Signalen des Lebens im Weltraum geforscht. Die USA, die UdSSR, Australien, Kanada, Frankreich, die Bundesrepublik Deutschland und die Niederlande führten Untersuchungen durch. Japan trifft Vorbereitungen. Die Instrumentenzeit, in der astronomische Geräte wie zum Beispiel Radioteleskope in Betrieb waren, um nach Signalen von lebenden Wesen im All zu lauschen, wurde 1985 auf insgesamt 120000 Stunden berechnet.[3]

Das ist ziemlich viel. Das Ergebnis war – sonst hätten wir doch etwas davon gehört? – negativ. Nicht ein einziges unerklärliches «Beep» ist bei alledem herausgekommen.

Man kann nach der Ursache dieses Resultats fragen. Der heutige Erkenntnisstand verweist eindeutig darauf, daß Leben im Universum eine ziemlich normale Erscheinung sein muß. Leben im irdischen Sinne setzt einen Planeten voraus. Davon gibt es eine Menge. Die Bildung von Planeten wird heute als ganz natürlicher Teil jenes Prozesses angesehen, der zur Geburt von Sternen führt. Also muß es allein in unserer Galaxis Milliarden von Planeten geben. Auf vielen davon werden natürlich nicht die Temperaturverhältnisse herrschen, die notwendig sind, um Leben in unserem Sinne zu ermöglichen, aber einige Planeten wird es wohl geben, die der Erde in dieser Hinsicht ähneln.

Über die Wahrscheinlichkeit, ob Leben entsteht, wenn die richtigen Bedingungen vorliegen, kann niemand etwas Vernünftiges sagen, da man Wahrscheinlichkeit nicht auf der Grundlage eines einzigen Ereignisses (Leben auf der Erde) einschätzen kann. Man nimmt aber allgemein an, daß es dort draußen im Raum sehr viel Leben gibt, unter anderem, weil sich gezeigt hat, daß die Entstehung der für das Leben auf der Erde wichtigen chemischen Verbindungen – der Proteine usw. – ein ganz natürlicher Prozeß ist; sie findet bereits in den interstellaren Wolken statt, die sich zu Sternen mit Planetensystemen zusammenziehen. Man hat sehr wichtige chemische Bestandteile des Lebens in den Meteoriten gefunden, von denen man glaubt, daß sie aus der Wolke stammen, aus der sich vor langer Zeit die Sonne gebildet hat. Das bedeutet nicht, daß es in dieser Wolke Leben gegeben habe, es zeigt aber, daß bei der Entstehung eines Sonnensystems genau die chemischen Verbindungen konzentriert auftreten, die für das Leben von zentraler Bedeutung sind.

Leben scheint also ein universales Phänomen zu sein. Damit stellt sich die Frage, ob man annehmen darf, Leben habe generell die Entwicklungsrichtung eingeschlagen wie das Leben auf der Erde: zu Intelligenz und, was eine der Arten betrifft, zu einer technischen Zivilisation. An diesem Punkt werden die Vermutungen sehr unpräzise. Die SETI-Forschung geht aber von der generellen Hypothese aus, daß es irgendwo im Universum technische Zivilisationen geben muß, die ein Interesse haben, mit Wesen wie uns zu kommunizieren.

Am 19. September 1959 wurde in der angesehenen Zeitschrift *Nature* der erste seriöse theoretische Leitsatz aufgestellt, wie man im Weltraum nach Leben suchen sollte. Die beiden Forscher Guiseppe Cocconi und Philip Morrison meinten, man müsse nach Radiowellen mit einer Wellenlänge von 21 Zentimetern suchen. «Die Wahrscheinlichkeit eines Erfolgs ist schwer abzuschätzen, aber wenn wir überhaupt nicht suchen, ist die Chance null», lautete die rhetorische Schlußfolgerung der beiden Forscher.[4]

Doch es wurde gesucht – und Cocconis und Morrisons Vorschlag wurde bereits realisiert, als ihr Artikel noch im Druck war. Frank Drake benutzte nämlich in seinem Forschungsprogramm, dem Projekt Ozma, genau die Wellenlänge von 21 Zentimetern. Warum 21 Zentimeter? Frank Drake gab darauf 1971 die Antwort während der Konferenz in Armenien: «Die Entscheidung für eine Radiofrequenz von 1420 Megahertz [= 21 Zentimeter] wurde mit der unumstrittenen Begründung gefällt, die Geräte für den Empfang dieser Frequenz seien auch für konventionelle Radioastronomie verwendbar, so daß niemandem vorgeworfen werden konnte, er verschwende Geld.»[5]

Drakes Idee war also einfach die, Apparate zu benutzen, die ohnehin gebaut wurden, um die Sterne zu untersuchen. Irgend etwas mußte man ja tun. Cocconi und Morrison argumentierten in ihrem Artikel, die Wellenlänge, die für die Radioastronomen zur Zeit am interessantesten sei, müsse zugleich auch diejenige sein, die alle anderen intelligenten Wesen im Universum benutzen würden. Die Wellenlänge von 21 Zentimetern ist charakteristisch für Wasserstoff, den häufigsten Grundstoff im All. Ein großer Teil der radioastronomischen Apparatur von 1959 war für die Erforschung dieser 21-Zentimeter-Strahlung konstruiert worden, die sich unter anderem dazu benutzen ließ, Regionen unserer Galaxis zu entdecken, die sich dem Blick durch herkömmliche Teleskope entziehen.

Hinter Cocconis und Morrisons Vorschlag steht also die Annahme, das, was wir zu einem gegebenen Zeitpunkt für interessant halten, müsse natürliches intellektuelles Gemeingut aller denkenden Wesen im Universum sein.

Der Leitgedanke, daß die Wesen dort draußen so seien wie wir, durchzieht seither fast die gesamte SETI-Forschung. Sie haben die gleiche Wissenschaft, die gleiche Technologie. Was wir auf der Schwelle zum Verständnis des Universums, also 1959, gerade entdeckten, ist notwendiges Schulwissen jeder technischen Zivilisation.

Und jeder, mit dem es sich zu reden lohnt, wird wissen, daß es auf die 21 Zentimeter ankommt, wenn man auf gleicher Wellenlänge sein will.

Die Menschen selbst waren erst später, nach 1959, in der Lage, durch die Galaxis zu kommunizieren; das erste Signal, das von der Erde *ausging*, wurde erst in den siebziger Jahren ausgesandt. Sollte es also jemanden dort draußen geben, der kommunizieren will, muß er mindestens so schlau sein wie wir.

Das ist der Gedankengang, der hinter SETI steht. Carl Sagan hat ihm zusammen mit dem russischen Astronomen Iosif S. Schklowskij den Namen *Prinzip der Durchschnittlichkeit* gegeben.[6] Wir machen gerade eine Entwicklung durch, die alle, die von Sonnensystem zu Sonnensystem kommunizieren können, bereits durchlaufen haben.

Fermis Paradox

Carl Sagan hat eine ganze Reihe von Büchern publiziert, teils wissenschaftliche, teils solche für das breite Publikum. In einem der eher populären Werke, ‹*The Cosmic Connection*› von 1973 (deutsche Ausgabe: ‹*Nachbarn im Kosmos*›), erzählt er eine kleine Episode aus dem Forschungszentrum Los Alamos, wo während des Zweiten Weltkriegs die Atombombe entwickelt wurde.

«Nach einer vielzitierten, aber zweifelhaften Anekdote soll der Kernphysiker Enrico Fermi während eines Gesprächs anläßlich eines Mittagessens in Los Alamos Mitte der vierziger Jahre gefragt haben: ‹Aber wo sind sie?› Wenn es eine große Anzahl von Wesen gäbe, die weiter entwickelt wären als wir, fuhr er fort, dann müsse man sich fragen, warum man von ihnen eigentlich noch nichts zu Gesicht bekommen habe – beispielsweise, indem sie der Erde einen Besuch abstatten.»[7]

Nach einer anderen Version, deren Quelle ebenfalls Sagan ist, lautet der Ausspruch des berühmten italienischen Atomphysikers Fermi: «Wenn es sie gäbe, wären sie hier.»[8]

Aber sie sind nicht hier! Das ist das sogenannte Fermische Paradox: Wenn sie dort sind, sind sie auch hier. Aber sie sind nicht hier, also gibt es sie gar nicht.

Für sich genommen ist das kein Paradox, aber wenn man mitbedenkt, daß im modernen naturwissenschaftlichen Weltbild im großen und ganzen alles darauf hindeutet, daß Leben eine ziemlich allgemeine Erscheinung im Universum sein muß, dann ist es eben doch eines.

Denn die Logik, die hinter Fermis Aussage steht, ist recht zwingend: daß sie nämlich, wenn es sie gäbe, schon zu Besuch bei uns gewesen wären.

Fermis Paradox geht unmittelbar aus dem Prinzip der Durchschnittlichkeit hervor: Wir sind in diesem Universum nichts Besonderes. Weder sind wir besonders intelligent, noch sind wir besonders dumm; unsere Technologie ist nicht besonders weit fortgeschritten, aber auch nicht ganz von gestern; unsere Träume und Hoffnungen, den Weltraum zu erforschen, sind weder besonders großspurig noch besonders bescheiden. Wir sind in allem und jedem eine ganz normale, kleine Erscheinung im Weltraum, mit Fähigkeiten und Erfahrungen, wie jeder sie haben kann. Wahrscheinlich gibt es irgendwo dort draußen Wesen, die klüger sind, und solche, die geistig weniger auf dem Kasten haben.

Und das würde dann bedeuten, daß unsere Träume, den Weltraum zu erobern und Sonden in alle Regionen unserer Galaxis zu schicken, ganz durchschnittlich sind. Bisher, also bis gegen Ende des 20. Jahrhunderts, sind wir nicht viel weiter als bis zum Mond gekommen, aber das ist gar nicht so übel für Durchschnittlichkeiten wie uns, die gerade erst begonnen haben, sich auf den weiten Weg in den Weltraum zu machen. Man denke an all die Zivilisationen, die nur eine Million Jahre älter sind als die unsere, die knapp zehntausend Jahre alt ist und sich die Fähigkeit, das All zu erobern, erst seit drei Jahrzehnten aneignet. Was werden sie alles vollbracht haben? Auf was für Eroberungen werden sie zurückblicken können?

Wenn wir annehmen, daß wir technisch gesehen die am weitesten fortgeschrittene Zivilisation in unserer Galaxis sind, verstoßen wir gegen das Prinzip der Durchschnittlichkeit. Also müssen wir davon ausgehen, daß es Wesen gibt, die weiter gekommen sind auf dem Weg, den wir betraten, als Neil Armstrong als erster Mensch den Fuß auf den Mond setzte und erklärte, dies sei ein kleiner Schritt für einen Menschen, aber ein großer Sprung für die Menschheit.

Ein kurzer Überschlag wird einen davon überzeugen, daß nicht mehr sehr viele Jahrtausende technologischer Entwicklung vergehen werden, bis die Menschen Bergbau im Asteroidengürtel treiben und die großen Planeten als Zwischenstationen für Reisen bemannter und vor allem unbemannter Sonden aus dem Sonnensystem in die Galaxis benutzen, wo es Sternenlicht in Mengen und Materie für den Aufbau gigantischer Zivilisationen gibt, die immer größere Gebiete des Weltraums erschließen und eines Tages unserer kleinen Milchstraße Lebewohl winken werden, um ins expandierende Universum hinauszuziehen.

Wenn wir solche Träume träumen – was sehr viele Naturwissenschaftler heutzutage tun –, dann träumen also die dort draußen die gleichen Träume. Und da wir eine nur durchschnittlich kluge und wissende Spezies sind, wird es Wesen geben, die schon längst die nötige Neugier aufgebracht haben, um diverse Weltumsegelungen zu machen, mindestens bis zu den Milliarden von Sternen der Galaxis.

Sie sind also schon bei uns gewesen. Und als sie da waren, haben sie unweigerlich ihre Spur hinterlassen und werden vermutlich fortfahren, die vielen Attraktionen zu nutzen, die unser Sonnensystem zu bieten hat. Man sehe sich nur das Verhalten der Menschen auf unserer eigenen Erde an: auf der lokalen Weltkarte gibt es kaum Stellen, die nicht von menschlicher Technologie geprägt sind. Selbst in den fernsten Gegenden, bei den Kopfjägern von Neu-Guinea und den Buschmännern in der Wüste Kalahari, sieht man die Streifen der Düsenjets am Himmel.

Wenn wir also Durchschnitt sind, haben wir schon Besuch gehabt. Es sei denn, natürlich, wir wären der einzige Durchschnitt in der Welt.

Das kosmologische Prinzip

Man darf die Bedeutung dieses Prinzips der Durchschnittlichkeit nicht unterschätzen. Es ist ein Ausdruck für die große Bewegung, die die Entwicklung des naturwissenschaftlichen Weltbilds seit der Renaissance im ganzen geprägt hat. Das Prinzip der Durchschnittlichkeit ist der Inbegriff der modernen Weltanschauung.

Die Erde befindet sich *nicht* im Mittelpunkt des Universums, vielmehr dreht sie sich um einen durchschnittlichen Stern, der wiederum in einer durchschnittlichen Milchstraße kreist, die zu einem ganz und gar durchschnittlichen Galaxienhaufen gehört, an einem ganz normalen Ort des Universums. Der Mensch ist nicht Herr der Schöpfung, sondern ein ganz normaler biologischer Organismus; ein lebendes Wesen mit passabler Gehirnkapazität, die aber verschwindend klein ist im Verhältnis zu der der Wale und Delphine, auch wenn man Gehirngewicht und Körpergewicht in Relation setzt.

Wir sind ganz normal: wir stammen von den Affen ab und diese von den Amöben, und die Amöben sind eine natürliche Konsequenz der Entstehung des Sonnensystems, die wiederum etwas Natürliches ist in einem Universum, das sich ausdehnt.

Das ist der moderne, säkularisierte Mythos. Und wehe, wenn er einem nicht gefällt – die Alternative ist das alte Lied von Gottes auserwähltem Volk und heiligen Kreuzzügen und die Fortsetzung der heutigen schamlosen Verwüstung der Umwelt.

Die gesamte Kosmologie dieses Jahrhunderts beruht auf einem Prinzip, das Albert Einstein 1931 mit den Worten «Alle Orte im Universum sind gleich» formulierte[9], das seinen Namen, *das kosmologische Prinzip*, aber erst zwei Jahre später von dem Kosmologen Edward Milne erhielt. Ohne dieses kosmologische Prinzip, dem zufolge das Universum insgesamt gleichförmig ist, kann man überhaupt keine Kosmologie betreiben, eben weil es nur ein Universum gibt, das man untersuchen kann. Man kann ja das Universum nicht mit anderen vergleichen, und deshalb müssen gewisse Vorannahmen darüber gemacht werden, daß die Phänomene, die wir lokal erforschen können, überall die gleichen sind.

Aber es gibt gute Argumente, die für die Richtigkeit des kosmologischen Prinzips sprechen. Man gerät zum Beispiel in ernsthafte Schwierigkeiten mit den Gesetzen der Schwerkraft, wenn man nicht annimmt, daß in allen Richtungen gleich viel Materie ist, so daß sich die Gravitationskräfte der gesamten Materie aufheben können (und daraus folgt dann, daß man Schwierigkeiten mit dem alten Bild vom Universum bekommt, das dem Umfang nach endlich war, denn in einem solchen endlichen Universum können sich die Gravitationskräfte nur in einem Zentrum ausgleichen, so daß man gezwungen ist, das Sonnensystem in seiner Mitte zu plazieren – und das ist, wie wir wissen, überholt).

Das kosmologische Prinzip, das eine Arbeitshypothese war, als es aufgestellt wurde, hat seitdem zwei mächtige experimentelle Bestätigungen erfahren. Die erste Bestätigung war die Entdeckung, daß die Welt sich ausdehnt. Als Einstein erstmals versuchte, auf Grund der Allgemeinen Relativitätstheorie Aussagen über die Beschaffenheit des Universums zu machen, ging er von dem aus, was später das kosmologische Prinzip genannt wurde. Seine Gleichungen zeigten, daß das Universum instabil ist. Entweder mußte es sich in einem Prozeß der Ausdehnung oder in einem Prozeß der Schrumpfung befinden. Diese Vorstellung erschien ihm so vernunftwidrig, daß er seine Gleichungen korrigierte, um ein statisches Universum zu erhalten – aber bereits zehn Jahre später war an der Expansion des Weltalls nicht mehr zu zweifeln. Die andere große Bestätigung war die Entdeckung der 3-Kelvin-Hintergrundstrahlung mit ihrer vorherrschenden Isotropie.

Aber wir haben schon gesehen, daß die Anwendung eines

kosmologischen Prinzips zu ernsthaften logischen Schwierigkeiten führen kann, nämlich in Form des Olbersschen Paradox. Als wir annahmen, das Universum sei in allen Richtungen gleichförmig, kamen wir schnell zu dem Ergebnis, daß der Strahlungsintensität an einem beliebigen Punkt ein Himmel entsprechen muß, der vollständig mit Sternen bedeckt ist (die Strahlungsdichte wird im Grunde genommen unendlich, aber man geht davon aus, daß die nahen Sterne die Unendlichkeit verdeckten, so daß der Himmel nicht viel heller würde als die Sonnenscheibe).

Dieses Paradox wurde durch einen Bruch mit dem Gedankengang des kosmologischen Prinzips gelöst. Der Bruch bestand in der Annahme, daß wir uns an einer ganz bestimmten Stelle in der *Zeit* befinden, nämlich 10 bis 20 Milliarden Jahre nach dem Anfang und damit ungefähr 10^{13} Jahre vor dem Zeitpunkt, da die Sterne – vorausgesetzt, sie könnten so lange leuchten – den Weltraum mit Strahlung füllen würden.

Die Zeit ist also nicht in allen Richtungen gleichförmig, eben weil es einen Urknall gegeben hat und wir relativ kurze Zeit nach diesem Knall leben. Das moderne Weltbild ist fundamental asymmetrisch: die Zeit hat einen Anfang, aber kein Ende (weil das Universum, allen Anzeichen nach, seine Ausdehnung unendlich lange fortsetzen wird). Aber eben diese Asymmetrie bewahrt uns vor dem Olbersschen Paradox.

Ein wichtiger historischer Umstand ist der, daß die Steady-State-Theorie, die ja besagt, es habe keinen Anfang gegeben und die Schöpfung sei ein kontinuierlicher Prozeß, von einem sogenannten *vollkommenen kosmologischen Prinzip* ausgeht, dem zufolge das Universum nicht nur in allen räumlichen, sondern auch in allen zeitlichen Richtungen gleichförmig ist. Es ist nicht nur gleichmäßig verteilt, wenn man einen

Schnappschuß des Universums zu einem bestimmten Zeitpunkt macht. Es ist vielmehr überall gleichförmig, auch in der Zeit. Es entwickelt sich nicht. Es dehnt sich aus, aber neue Materie kommt hinzu und sorgt dafür, daß seine Dichte konstant bleibt, so daß das Universum zu allen Zeiten ausgesehen hat und aussehen wird, wie es heute, von unserem Ort in Zeit und Raum, aussieht. Dieses vollkommene kosmologische Prinzip, das ästhetisch und philosophisch eine enorme Anziehungskraft hat, wird durch das Urknallmodell gebrochen, denn die Ewigkeit hat einen Anfang gehabt.

Zivilisiertes Verhalten

Wir können jetzt untersuchen, ob Fermis Paradox das Prinzip der Durchschnittlichkeit nicht ebenso aus den Angeln heben kann wie das Olberssche Paradox das vollkommene kosmologische Prinzip.

In einer großangelegten Studie über den Aufbau des Universums, dem Werk ‹*The Anthropic Cosmological Principle*› von 1986, erläutern die Astrophysiker John D. Barrow aus Sussex und Frank J. Tipler aus New Orleans eine Vorstellung, die man durchaus als moderne wissenschaftliche Religion bezeichnen kann: das anthropische Prinzip. Hinter diesem Prinzip, das uns im übrigen hier nicht beschäftigen soll, steht der Gedanke, das Universum sei nicht zufällig genau so eingerichtet, daß es für unsere Existenz paßt.

Man kann nämlich bei einer ganzen Reihe von Naturkonstanten zeigen, daß bereits geringste Abweichungen in den Größenverhältnissen unsere Form von Existenz unmöglich machen würden. Wären die Gravitationskräfte ein wenig größer im Verhältnis zu den elektromagnetischen Kräften oder den Kräften in den Atomkernen, könnte es keine Sterne von der Art geben, wie wir sie kennen. Hätte das Universum nicht die Größe, die es tatsächlich hat, könnte es uns nicht geben. Und so weiter. Es besteht ein tiefer Zusammenhang zwischen fundamentalen, naturgegebenen Bedingungen des Menschenlebens und der übergeordneten Beschaffenheit des Kosmos. Die Bedeutung, die die Ausdehnung des Universums für das Leben hat, ist nur ein Aspekt dieses tiefen Zusammenhangs – der dunkle Himmel ein anderer.

Aber warum ist das Universum genau so beschaffen, daß es die Existenz intelligenter Beobachter, wie wir es sind, möglich macht? Hier kommt nun das anthropische Prinzip und sagt: Die Frage ist die Antwort. Wäre das Universum anders, könnten wir nicht fragen. Die Gesetze der Physik, wie wir sie kennen, erlauben es, sich eine ganze Reihe von «Universen» mit Eigenschaften vorzustellen, die nur eine kleine Idee anders sind als die des existierenden Universums. Und diese «Universen» hätten nichts von der wunderbaren Feinabstimmung des unsrigen, das unsere Existenz möglich macht. Es gibt in ihnen niemanden, der fragt.

Das anthropische Prinzip, von dem es verschiedene Varianten gibt, die eine mehr, die andere weniger religiös, läuft darauf hinaus, unsere eigene Existenz als eine Grenzbedingung unseres Universums zu sehen. Wenn wir versuchen zu verstehen, warum das Universum so ist, wie es ist, müssen wir immer daran denken, daß wir nur deshalb fragen können, weil das Universum so ist, daß wir fragen können. Die Antwort muß in irgendeinem Sinne beinhalten, daß sie eine Antwort auf eine Frage von uns ist. Manche gehen so weit zu behaupten, das Universum könne nur existieren, weil es Beobachter darin gibt.

Aber das Interessante an Barrows und Tiplers durchdachtem Werk ist in unserem Zusammenhang, daß es einen Hinweis auf das Olberssche Paradox enthält. Er folgt auf eine längere Darlegung der Ansicht, daß es keine anderen intelligenten Wesen in unserer Galaxis geben kann, weil sie, wenn es sie dort gäbe, als Kolonisatoren auch hier wären. Sie sind es aber nicht. Also Fermis Paradox.

«Tatsächlich», schreiben die beiden Autoren, «ist das Paradox, daß extraterrestrische intelligente Wesen längst in unserem Sonnensystem angekommen sein müßten, dies aber nicht sind, ebenso verblüffend wie das Olberssche, mit dem es große Ähnlichkeit hat. Beide Paradoxa ergeben sich aus der Annahme der Gleichförmigkeit in Zeit und Raum.»[10]

Barrows und Tiplers Schlußfolgerung lautet, es könne keine anderen Zivilisationen in der Galaxis geben. Denn es sei so einfach, das All zu kolonisieren, daß es, hätte auch nur eine einzige Zivilisation die Idee gehabt, schon passiert wäre. Und das ist es nicht. Man könnte natürlich behaupten, daß ein Kontakt mit höheren Zivilisationen in verschiedenen Abstufungen bereits besteht. Man könnte auf UFOs, Bermudadreiecke und uralte Inschriften verweisen. Aber in einer so wichtigen Frage wie der, ob wir in unserer Galaxis allein sind, erscheinen solche Berichte nicht überzeugend genug.

Man kann auch, wie es 1973 geschehen ist, eine sogenannte *Zoohypothese* aufstellen[11] – die Hypothese, daß wir in unserem Sonnensystem wie in einem zoologischen Garten leben und wie Affen in der Grotte gehalten werden, damit «sie» sehen können, was für Wesen wir eigentlich sind. Barrow und Tipler argumentieren gegen diese Vorstellung und betonen, daß es, falls wir ohne unser Wissen von einer galaktischen Zentralmacht in einem solchen Garten gehalten würden, gewiß andere gäbe, die uns einen Wink zukommen ließen (wie sie ebenfalls darauf verweisen, daß die Affen in einem zoologischen Garten sehr genau wissen, daß sie eingesperrt sind, und sei es nur, weil sie mit Erdnüssen beworfen werden).

Also: Wir sind keine Tiere im Zoo; wir sind allein in der Welt.

Es gibt noch eine andere Möglichkeit, die nämlich, daß das Prinzip der Durchschnittlichkeit nicht zutrifft. Daß also die Zivilisation der Menschen, wie sie heute existiert, sehr wohl etwas Besonderes ist. Daß wir uns in unserer Entwicklung tatsächlich auf einer asymmetrischen Zeitachse befinden. Diese Möglichkeit hat viele gute Argumente für sich.

Das Prinzip der Durchschnittlichkeit erhält ja seine Legitimität aus dem Umstand, daß die SETI-Forschung in der gleichen Situation ist wie die Kosmologie und die Untersuchungen, die auf der Gaia-Hypothese beruhen: es gibt nur einen einzigen Untersuchungsgegenstand. Es gibt nur ein Universum, und wir kennen nur einen Planeten mit einer Zivilisation. Deshalb müssen wir annehmen, daß die Bedingungen, die wir kennen, durchschnittlich sind.

Wir projizieren unsere eigene Situation auf die kosmische Ebene und sagen, wir seien eine normale Erscheinung und befänden uns an einem normalen Punkt in einem zeitlichen Ablauf.

Aber wer sind wir? Wir sind in diesem Zusammenhang die zur Zeit dominierende Zivilisationsform auf der Erde. Die westliche Zivilisation macht von einigen planetarischen Ressourcen in einer Weise Gebrauch, daß es auf Dauer so nicht gutgehen kann. Das sieht jeder, und auch die SETI-Forscher gehen davon aus. Alle Theorien über die Möglichkeiten des Lebens, sich zu fortgeschrittenen technologischen Kulturen zu entwickeln, berücksichtigen einen beträchtlichen Verlustfaktor für Zivilisationen, die unser Stadium erreicht haben. Es geht um den erheblichen Prozentsatz, der aufhört, zivilisiert zu sein, und in Atomkriegen und durch Umweltzerstörung zugrunde geht. (Man darf nicht vergessen, daß ein führender SETI-Forscher wie Carl Sagan mit Beiträgen, die in das Szenario des nuklearen Winters münden, sehr viel für die Einsicht getan hat, daß ein Atomkrieg vermieden werden muß.) Aber auch bei Berücksichtigung dieses Verlustfaktors übersehen die SETI-Forscher die Möglichkeit, daß Zivilisationen, die eine derart ernste Krise überleben wie die, in der zur Zeit die Menschheit steckt, auch etwas aus dieser Erfahrung lernen. Sie übersehen die Möglichkeit, daß Zivilisationen, die die Erfindung so mächtiger Technologien wie der Nukleartechnik, der Gentechnik und des Autos überlebt haben, den Traum von der technologischen Eroberung unserer Galaxis mit anderen Augen sehen werden.

Das Problem des Prinzips der Durchschnittlichkeit besteht darin, daß es die jetzige Entwicklungstendenz in die Ewigkeit projiziert und die Tendenz der heutigen Zeit zu unendlichem expansivem Wachstum zur universalen Logik macht. Die Weltsituation und die neuere Geschichte des Kapitalismus werden zur ewigen Bedingung gemacht.[12]

Hier wäre ein Symmetriebruch auf der Zeitachse angebracht: Die Entwicklung, die die dominierende Zivilisation auf der Erde in den letzten Jahrhunderten geprägt hat, ist etwas Extremes, eine Besonderheit, absolut nicht durchschnittlich, sondern eine ausgesprochene Eintagsfliege. Es kann so nicht bleiben.

Dagegen könnte die SETI-Forschung einwenden, daß ein Grund für die Eroberung des Raums ja gerade Übervölkerungsprobleme sein können, die es notwendig machen, Artgenossen in den Weltraum zu befördern. Doch begänne man, die überzählige Bevölkerung mit Raketen auf andere Planeten zu transportieren, würde man – das zeigen schon allereinfachste Berechnungen – ein noch größeres Chaos herbeiführen, als wenn man das Problem hier unten zu lösen versucht: die Zunahme des Wachstums ist längst schon zu rasant geworden.

Die SETI-Forschung verfügt jedoch über ein unerhört starkes Argument gegen den hier vorgeschlagenen Bruch mit dem Prinzip der Durchschnittlichkeit. Es wurde erstmals 1975 von Michael H. Hart in den Mitteilungen der britischen Royal Astronomical Society vorgebracht.[13] Hart meint aus genau den gleichen Gründen wie Barrow und Tipler, daß es keine anderen Zivilisationen in unserer Galaxis geben könne. Der Artikel, der einige Diskussionen unter SETI-Forschern hervorrief, weil er das, was man inzwischen das Fermische Paradox nennt, erstmals mit ganzem Nachdruck ins Feld führte, wendet sich gegen den Versuch, dieses Paradox zu entkräften. Und relevant ist dabei Harts Einwand gegen die «soziologische Erklärung».

Diese oben schon angeführte «soziologische Erklärung» argumentiert, es sei nicht denkbar, daß sich Zivilisationen auf Dauer so verhalten, wie es die dominierende Zivilisation der Erde zur Zeit tut; das Wachstumsphänomen müsse eine Art von Pubertätserscheinung der Menschheit sein. Aber diese Sicht, so Hart, berücksichtigt nicht, daß man die Möglichkeit einer Zivilisation irgendwo im Universum, der es gefällt, ewig zu expandieren, und die alles andere zurückstellt, um den Weltraum zu erobern, *niemals* ausschließen kann. Wenn auch nur eine einzige Zivilisation dieser Art existiert, hat sie Zeit genug gehabt, die ganze Welt zu erobern, inklusive unseres kleinen Sonnensystems – und schon sitzen wir wieder mit dem Fermischen Problem da: Wo sind «sie»?

Es ist tatsächlich ein ziemlich starkes Argument. Denn man kann die SETI-Forscher zwar mit Recht kritisieren, weil sie den Kapitalismus und seine Entwicklungslogik perpetuieren; aber genauso naiv dürfte es sein, ein Nullwachstum oder die spirituelle Reise ins Innere in die Ewigkeit und den Kosmos zu projizieren. Nur weil wir hier auf der Erde uns in eine Situation gebracht haben, in der wir uns entscheiden müssen zwischen Umweltkatastrophe oder einem neuen Bewußtsein gemeinschaftlicher Existenz mit dem Leben auf unserem Planeten, kann man ja nicht den Schluß ziehen, daß alle anderen Zivilisationen genau das gleiche tun.

Es ist schwierig, das Fermische Paradox mit soziologischen Argumenten zu entkräften, eben deshalb, weil das Universum unendlich ist und man schwerlich behaupten kann, niemals und nirgendwo sei eine Zivilisation entstanden, die das Ziel hat, das expandierende Universum auf der Innenbahn zu überholen. Das Argument muß so beschaffen sein, daß es zu allen Zeiten, an allen Orten gilt.

Man braucht also mehr als Soziologie; man braucht eine Vorstellung davon, daß Personen ihren Planeten lieben. Hier ist meine Vorstellung:

Beim Planeten bleiben

Wenn sie da sind, sind sie zu Hause. Aber sind sie da, zu Hause?

Sie sind da. Es gibt sie massenweise. Sie haben nur keine Lust, freiwillig gen Himmel zu fahren.

Sie haben ihre biologischen Körper auf dem Teppich lichtempfindlicher Vegetation ausgestreckt, der ihren Planeten bedeckt. Sie ruhen aus unter dem Sausen von Türmen, mit denen sie Energie holen aus den Luftströmen der planetarischen Atmosphäre, die das Sternenlicht im Zusammentreffen mit dem rotierenden Planeten hervorbringt. Ihre Gliedmaßen sind ausgestreckt; die Greiforgane halten lose einen kleinen Essay, über den sie nachdenken, wenn sie nicht gerade ein Schläfchen halten.

Und sie denken, einer wie der andere: «Wir sind schon im siebten Himmel.» Sie blinzeln mit den Augen und lächeln, wenn sie zu dem hinaufschauen, als dessen Teil sie sich fühlen und der ihnen so lieb ist: zum blauen Himmel.

Die Ewigkeit *hat* angefangen.

Die Langmut des Lichts

Persönlich schwimmt
meine gesunde Vernunft
– ohne das geringste Vertrauen
auf Moses & Nachf.
mehr oder weniger
großen Knall –
in einem ewigen und unendlichen
swimming-pool, blauer
als der blaueste Himmel.
Persönlich habe ich Phantasie genug
um Angst zu haben vorm Fliegen
und die Vorstellung
von Unendlichkeit und
ewigem Leben des Universums
erfüllt mich folglich
mit Sicherheit.
Im Antitaurus und den Anden
sah ich mit eigenen Augen
die Milchstraße
vor dem Hintergrund einer Halbkugel
von strahlendem Kies:
der Nachthimmel
ist nicht schwarz. Das Licht

ist ein Läufer, der müde wird
Alter und Abstand
zwei Seiten
einer Sache.

Und nun kommt ihr
mit eurem Hintergrundrauschen
und eurem großen Knall
(wieder typisch
in einer kranken Zeit, die
Lösungen sucht
ex machina)
und sagt, ihr könntet
die Schöpfung sehen und hören.
Wie die, die
einen Elefanten
im Dunkeln betasteten
und alle
ihre eigene Beschreibung hatten
– eine Säule, ein Thron
ein Wasserrohr, eine Felswand –
betastet ihr blind
das klopfende Herz
das das Universum ist
und sagt: eine Explosion!
Wenn aber die Welt erschaffen ist
kann sie nicht unendlich sein:
es fehlt was
an einem Ende
und wo wäre
mein Bewußtsein

wenn die Welt wirklich
endlich wäre, wenn auch nur
an einem Ende?

Mit dem Kopf gegen welche
Wand rennen? Ihr zieht Grenzen
für die Zeit, ich
habe Zeit in Massen:
sie geht nicht, sie kommt.

Andere wissen es:
ihre Zeit ist nicht die
des Läufers, sondern die Nicht-Zeit
des Schwimmers, also
Aufmerksamkeit.
Wenn wir
neurotischen Läufer versuchen,
mit Wesen im siebten Himmel
in Verbindung zu kommen
und erwarten, sie
auf 21 cm Wellenlänge
zu treffen, mit Jackett
und gepolsterten Autos,
erkennen wir, daß Technik
alles ist, was wir beherrschen
und statt Denken
Technologie.
Ich spucke nicht
auf Radioteleskope
scheiße nicht
auf Teilchenbeschleuniger

wenn man sie nicht benutzt
wie das Talglicht, mit dem der Narr
eine Sonnenuhr
abzulesen versuchte.
Die Technik weiß nicht,
daß sie nicht alles weiß
zum Beispiel, daß Universum
nur der Name ist
für ein betriebsames kleines Dorf
z. Z. expandierend
und was euren großen Knall betrifft
so schlucke ich ihn persönlich
mit leichtem Unwillen
wie eine fast unsichtbare
Fliege in der Suppe.

Ivan Malinowski

Literatur

Die Anmerkungen zu den einzelnen Kapiteln enthalten außer spezielleren Hinweisen auch einige Titel, die für die weitere Beschäftigung mit dem Thema nützlich sein können. Zunächst aber einige allgemeinere Hinweise auf Titel, die in den Anmerkungen nicht genannt sind.

Der dunkle Himmel: Das Olberssche Paradox ist vor allem von Edward Harrison erforscht worden, der eine ganze Reihe von Artikeln darüber publiziert hat. Gesammelt sind sie in seinem Buch ‹*Darkness at Night: A Riddle of the Universe*›, das 1987 in der Harvard University Press erschienen ist. Es ist reich illustriert und enthält viel wissenschaftsgeschichtliches Material von erheblichem Unterhaltungswert.

Der blaue Himmel: Der Physiker James Trefil hat sich in seinem Buch ‹*Reise in das Innerste der Dinge: Vom Abenteuer des physikalischen Sehens*›, Basel (Birkhäuser) 1984, unter anderem mit dem blauen Himmel auseinandergesetzt. Es ist das erste von Trefils Büchern, in denen er, von Beobachtungen im Alltag ausgehend, das physische Weltbild erklärt.

Das Thema dieses Essays, das Aussehen des Himmels und die Erklärung dafür, fällt zwischen verschiedene akademische Disziplinen, vor allem Meteorologie und Astronomie, so daß schwer Bücher zu finden sind, die in das Thema einführen. Eher konkreten Stoff über die Herrlichkeiten des Himmels bietet Colin Ronan (Hg.), ‹*Der Himmel bei Tag und Nacht: erkennen, beobachten, fotografieren*›, Stuttgart (Franckh) 1986. Am anderen Ende der Schwierigkeitsskala ist außerdem hinzuweisen auf Robert G. Greenler, ‹*Rainbows, Halos, and Glories*›, Cambridge University Press 1980, das besonders Reflexionserscheinungen von Regen und Eis behandelt.

Anmerkungen

Der dunkle Himmel

1 Hermann Bondi, Cosmology, Cambridge University Press 1960 (urspr. 1952), besonders S. 21–26. Bondis Darstellung des Olbersschen Paradox ging rasch in die populärwissenschaftliche Literatur ein.
2 Edward R. Harrison, The Dark Night-Sky-Riddle: A ‹Paradox› That Resisted Solution, *Science* 226 (1984), S. 941–945, hier S. 944. Vgl. auch E. R. Harrison, Olbers' Paradox, *Nature* 204 (1964), S. 271 f.
3 Edward R. Harrison, Cosmology: The Science of the Universe, Cambridge University Press 1981, S. 258.
4 Edgar Allan Poe, Heureka, 1848, zitiert nach: Edgar Allan Poe, Werke, hg. v. K. Schuhmann und H. D. Müller, Bd. 2, Olten/Freiburg (Walter) 1967, S. 1009. Vgl. E. R. Harrison, Kelvin on an Old, Celebrated Hypothesis, in: *Nature* 322 (1986), S. 417 f.
5 Edward R. Harrison, wie Anm. 2, S. 944 f.
6 Edward R. Harrison, wie Anm. 3, S. 260.

Der kosmische Himmel

1 Robert Wilson, zitiert nach Jeremy Bernstein, Three Degrees Above Zero: Bell Labs in the Information Age, New York (Mentor) 1986 (urspr. 1984), S. 215 f. Der Vorgang der Entdeckung wird in der Literatur oft, aber nicht widerspruchsfrei beschrieben. Die klassische historische Darstellung liefert Steven Weinberg, Die ersten drei Minuten: Der Ursprung des Universums, München (Piper) 1977, besonders S. 76–89. Eine in Einzelheiten abweichende Version wurde von Arno Penzias erzählt, zitiert bei Martin Harwit, Die Entdeckung des Kosmos: Geschichte und Zukunft astronomischer Forschung, München (Piper) 1983, S. 193 f. Wieder andere Einzelheiten in Jeremy

Bernsteins oben angeführtem Buch, besonders S. 211–217 (Wilson) und S. 239–240 (Penzias). Eine weitere Version, aber ohne Angabe der Quellen für die Einzelheiten, bei John Gribbin, In Search of the Big Bang: Quantum Physics and Cosmology, Toronto (Bantam Books) 1986, besonders S. 190 f. Vgl. auch Tor Nørretranders, Kosmos eller kaos: Ni kapitler af Verdens Historie, Kopenhagen (Tiderne Skifter) 1984, S. 35–37.

2 Robert Wilson, zitiert nach Bernstein, wie Anm. 1, S. 215.

3 Steven Weinberg, wie Anm. 1, S. 184 f.

4 William McCrea, zitiert nach E. R. Harrison, Cosmology, Cambridge University Press 1981, S. 260.

5 Jeremy Bernstein, wie Anm. 1, S. 200.

6 Jim Peebles, Interview mit dem Verfasser, 29. Juni 1979, Kopenhagen.

7 P. J. E. Peebles, The Origin of Galaxies and Clusters of Galaxies, *Science* 224 (1984), S. 1385–1391. David T. Wilkinson, Anisotropy of the Cosmic Blackbody Radiation, *Science* 232 (1986), S. 1517–1522. Die beiden Artikel skizzieren den Umfang des Problems. Neue Lösungsvorschläge bei: C. J. Hogan/S. D. M. White, Galaxy Formation by Mock Gravity, *Nature* 321 (1986), S. 575–578; Lawrence S. Schulman/Philip E. Seiden, Percolation and Galaxies, *Science* 232 (1986), S. 425–431; Avishai Dekel/Martin J. Rees, Physical Mechanisms for Biased Galaxy Formation, *Nature* 326 (1987), S. 455–462.

Der blaue Himmel

1 L. Lorenz, Lysbevægelsen i og uden for en af plane Lysbølger belyst Kugle, in: Det Kongelige danske Videnskabernes Selskabs Skrifter, R. 6, Naturvidenskabelig og mathematisk Afdeling 6 (1890), S. 1–62, hier S. 59.

2 Mogens Pihl, Der Physiker L. V. Lorenz: Eine kritische Untersuchung, Kopenhagen (Munksgaard) 1939, S. 73. Hervorhebung von Pihl.

3 Vgl. z. B. Encyclopædia Britannica, Macropædia 10, Chicago 1974, S. 945, und McGraw-Hill Encyclopedia of Science & Technology, Bd. 16, 1987, S. 97.

4 James Lovelock, Unsere Erde wird überleben: GAIA – eine optimistische Ökologie, München (Piper) 1982.

5 James Lovelock, Gaia: the World as Living Organism, *New Scientist*, 112 : 1539, 25–28, 18. Dezember 1986.

6 James Lovelock, Telefoninterview mit dem Verfasser, 9. Juni 1987.
7 Carl Sagan, Brief an den Verfasser, 10. Juli 1987.
8 Auf die direkte Frage, ob eine leblose Atmosphäre ohne Sauerstoff verschmutzter und dadurch weniger blau wäre (Telex des Verfassers vom 11. 8. 1987 an Carl Sagan), antwortet Sagan: «Erstens ist es möglich, daß die Atmosphäre eines Planeten ohne Leben auf Grund der Photodissoziation von Wasser [Spaltung durch Lichtenergie, T. N.] und Entfernung von Wasserstoff eine erhebliche Menge Sauerstoff enthält; solche Planeten gibt es in unserem Sonnensystem nicht, aber sie sind theoretisch möglich. Zweitens kann die Färbung einer planetarischen Atmosphäre, wie der Mars zeigt, durch feinen Oberflächenstaub und durch die lokalen meteorologischen Verhältnisse bedingt sein, ganz unabhängig von der Chemie der Atmosphäre. Drittens gibt es bei der Säuberung einer planetarischen Atmosphäre viele Faktoren, die ganz unabhängig sind von ihrem Sauerstoffgehalt: Partikelhäufung, Sedimentierung und Wirbeldiffusion. Es besteht kein Zweifel, daß der Sauerstoff kleinere Bestandteile anreichert und in vielen Fällen dazu beiträgt, die Atmosphäre zu säubern, aber ich glaube nicht, daß es der wichtigste Faktor ist» (Brief Carl Sagans an den Verfasser, 29. August 1987).
  Man kann also aus der Tatsache, daß der Himmel über einem Planeten sauber und blau ist, nicht darauf schließen, daß es Leben auf ihm gibt. Aber die Atmosphäre der Erde – hätte sie einen blauen Himmel ohne Leben? Die Antwort ist nicht bekannt, aber nichts in Sagans Argumentation widerspricht der Einschätzung Lovelocks, daß der Himmel kaum so blau wäre, wenn es kein Leben auf der Erde gäbe.

Der siebte Himmel

1 Carl Sagan (Hg.), Communication with Extraterrestrial Intelligence (CETI), Cambridge, Mass. (The MIT Press) 1973, S. 4f.
2 Walter Sullivan, We Are Not Alone, Harmondsworth (Penguin) 1970 (urspr. 1964), S. 226f.
3 Michael D. Papagiannis, Recent Progress and Future Plans on Search for Extraterrestrial Intelligence, *Nature* 318 (1985), S. 135–140, hier S. 135.
4 Guiseppe Cocconi/Philip Morrison, Searching for Interstellar Communications, *Nature* 184 (1959), S. 844–846; Nachdruck in: A. G. W. Cameron (Hg.), Interstellar Communication: A Collection of Reprints and Original Contributions, New York (W. A. Benjamin) 1963, S. 160–165.

5 Frank Drake, in: Carl Sagan (Hg.), wie Anm. 1, S. 232.
6 Iosif S. Schklowskij/Carl Sagan, Intelligent Life in the Universe, San Francisco (Holdenday) 1966. Das ganze Kapitel 25 (S. 356 ff) trägt den Titel: «Die Annahme der Durchschnittlichkeit». Den Ausdruck soll Sebastian von Hoerner geprägt haben.
7 Carl Sagan, Nachbarn im Kosmos: Leben und Lebensmöglichkeiten im Universum, München (Kindler) 1975, S. 183.
8 Enrico Fermi, zitiert nach John D. Barrow/Frank J. Tipler, The Anthropic Cosmological Principle, Oxford (Clarendon Press) 1986, S. 578. Das angeführte Zitat, in der Literatur weit verbreitet, ist ohne Quellenangabe wiedergegeben; die Quelle für Fermis negative Schlußfolgerung, was die Existenz außerirdischer Intelligenz in unserer Galaxis betrifft (Barrow/Tipler, S. 576), ist eine Abhandlung von Sagan aus dem Jahre 1963 (ebd., S. 608, Anm. 10).
9 Albert Einstein, zitiert nach E. R. Harrison, Cosmology: The Science of the Universe, Cambridge University Press 1981, S. 89.
10 John D. Barrow/Frank J. Tipler, wie Anm. 8, S. 604.
11 John A. Ball, The Zoo Hypothesis, *Icarus* 19 (1973), S. 347–349.
12 Tor Nørretranders, Om kapitalistisk naturvidenskab: Forholdet mellem teori og empiri i marxistiske studier af naturvidenskaberne belyst ud fra en analyse af forskningen om liv udenfor jorden. Århus (Modtryk) 1976, besonders S. 23–77 und 12 f. Vor der geringen Leserfreundlichkeit dieser Examensarbeit wird gewarnt, die Analyse der CETI-Forschung ist aber in Ordnung.
13 Michael H. Hart, An Explanation for the Absence of Extraterrestrials on Earth, *Quarterly Journal of the Royal Astronomical Society* 16 (1975), S. 128–135.

Register

Akademien der Wissenschaften, Konferenz 1971 87, 92
ALPHER, RALPH 41
AMBARTSUMIAN, W. A. 87
anthropisches Prinzip 100 f
Äquator 60 f
ARMSTRONG, NEIL 95
Avogadro-Konstante 59 f
Atome 46, 101
Atomkriege 104
außerirdisches Leben 9, 88–90, 92–94, 102, 104–106 (→ SETI; Universum, Leben im; Zivilisationen)

Bakterien 76, 82
BARROW, JOHN D. 100 f, 105
Bell Laboratories, AT & T 39, 41–43
Bermudadreieck 102
BERNSTEIN, JEREMY 45
Bewußtsein 84
BONDI, HERMANN (‹*Cosmology*›) 20, 23 f, 26, 28
BURKE, BERNARD 39 f

California Institute of Technology 40
Celsius-Skala 47
CETI (Communication with Extraterrestrial Intelligence) 87 (→ SETI)
CHÉSEAUX, JEAN PHILIPPE DE 19, 23
COCCONI, GIUSEPPE 91 f

DICKE, ROBERT H. 39–42
DIGGES, THOMAS 19
DOROSHKEWITSCH, A. G. 42
DRAKE, FRANK 88 f, 91 f

Echo (Satellit) 39
EINSTEIN, ALBERT 97 f
Eiszeiten 74, 76
Entropie 52, 54–57, 80
– negative 82
– Zunahme 83
Epsilon Eridani (Stern) 88 f
Erdatmosphäre / Atmosphären 8 f, 60, 62, 64, 68–71, 73–75, 77–79, 82, 107
– Zusammensetzung 72, 76
Erde 11, 15, 18, 49 f, 53 f, 57, 72, 74, 78, 87, 97
– Alter 21, 43
– Leben auf der 9, 57, 73 f, 76–79
– Temperatur 53 f
Erdoberfläche 16, 69, 76, 78, 82
Ewigkeit 80, 100, 107 (→ Unendlichkeit)

FERMI, ENRICO 93 f, 100, 102, 105

Fermisches Paradox 94, 102, 105 f

Gaia-Hypothese 76 f, 103
Galaxien 21, 48, 50–53, 84, 91, 103 (→ Rotverschiebung)
Galaxienhaufen 50, 97
GALILEO GALILEI 15, 30
Gammastrahlung 47
GAMOW, GEORGE 41, 49
GOLD, THOMAS 20
Gravitationsgesetz 31
Gravitationskräfte 43, 98, 101
GREENLER, ROBERT G. 113
Große Einheitliche Theorie 50
GUTH, ALAN 51

HALLEY, EDMUND 19, 24
Halleyscher Komet 19
HARRISON, EDWARD L. 8, 24, 26 f, 29, 35 f, 113
HART, MICHAEL H. 105
HERMAN, ROBERT 41
HERSCHEL, JOHN 20
HERSCHEL, WILLIAM 20
Himmel, blauer 7–9, 57, 71, 77–80, 82, 107, 113
Himmel, dunkler → Nachtdunkel
Himmel, gelblicher 8, 78
Himmel, kosmischer → Hintergrundstrahlung
Himmel, rötlicher 78 (→ Sonnenaufgang)
Hintergrundrauschen 39–44, 47 (→ Hintergrundstrahlung)
– richtungs- und strukturlos 45
Hintergrundstrahlung 9, 27, 37, 39, 42, 45, 50–52, 57, 80
– isotrop 49–51, 83, 98
– 3-K- 49 f, 98
Horizont, kosmischer 32 f, 36
HOYLE, FRED 20, 26, 40
HUBBLE, EDWIN 21, 43
HUMASON, MILTON 21, 43

IAU (Internationale Astronomische Union) 89
Inflation 83 f (→ Universum, frühes)

Jupiter 30
Jupitermonde 29 f

Keine-Grenzen-Theorem 16–18
Kelvin-Skala 47
KEPLER, JOHANNES 15, 19, 23, 28
Kernreaktionen 53
Königlich-dänische Gesellschaft der Wissenschaften 59
KOPERNIKUS, NIKOLAUS 15, 30
Kosmologie 26, 42–44, 97, 103 (→ Weltbilder)
kosmologisches Prinzip 97–100
Krakatau (Vulkan) 71

leerer Raum 50, 61, 83
Licht 8, 12, 16, 24, 26, 28, 32, 34, 61–64
– Bewegung 59
– blaues 26, 61 f, 64, 66, 68 f, 71 f
– Farben 61 f, 66, 82
– gelbes 72
– rotes 61, 64, 66, 69, 71 f
– Streuung 62–64, 66, 69, 71 f, 78
– ultraviolettes 63
– Wellenlängen 30, 61–64, 72
Lichtbrechung 65–67
Lichtechos 30

Lichtgeschwindigkeit 29–34
Lichtjahr 32
LORENZ, LUDVIG VALENTIN 59 f, 72
Los Alamos 93
LOVELOCK, JIM 8, 72–79
Luftverschmutzung, globale 72, 78 f

Mars 72–74, 76, 78 f
Massachusetts Institute of Technology (MIT) 39
Materie 23, 31 f, 46, 52 f, 80, 84
Mathematik, spekulative 44
MCCREA, WILLIAM 44
«metaphysisches Paradox» 24 (→ Olberssches Paradox)
Meteoriten 91
Milchstraße 19, 28, 50, 95, 97
MILNE, EDWARD 97
Mond 61, 71, 74, 95
Mondlicht 31, 61, 69 (→ Licht)
Monduntergang 69
MORRISON, PHILIP 91 f

Nachtdunkel 8 f, 11, 15, 18 f, 23–29, 34–36, 52, 57, 80, 82, 101, 113
NASA 72
Nature 29, 91
Naturwissenschaften (→ Kosmologie) 7, 59, 96
Nebel 48, 50
New York Times 88
Niels-Bohr-Institut (Kopenhagen) 50
NOWIKOW, I. D. 42
Nullpunkt, absoluter 47, 49
Observatorium für Radioastronomie, Green Bank, West Virginia 88
OHM, E. A. 42
OLBERS, WILHELM 11, 20, 23 f
Olberssches Paradox 8 f, 11, 16, 18, 20, 23 f, 26, 32, 34–36, 52, 99 f, 102, 113
Ozma-Projekt 88 f, 91

PEEBLES, JIM 39 f, 49–51
PENZIAS, ARNO 39–41, 49
Photosynthese 56
Physical Review 41
PIHL, MOGENS 60
planetary science 78, 87
POE, EDGAR ALLAN 8, 27–29
– «Heureka» 28
Prinzip der Durchschnittlichkeit 93–96, 100, 103–105

Quantenphysik 83 f

Radiowellen 61
Raumfahrtprogramme 76
RAYLEIGH (JOHN WILLIAM STRUTT), Lord 60
Rayleigh-Streuung 61 f, 64, 71, 79
Regenbögen 66, 68
Rekombination 46–49, 52
Relativitätstheorie 21, 31, 43, 98
RØMER, OLE 29 f
RONAN, COLIN 113
Röntgenstrahlen 61
Rotverschiebung 24–26, 36, 47, 49 f
Royal Astronomical Society 44, 105

SAGAN, CARL 8, 78 f, 87, 91, 93 f, 104
– ‹*Nachbarn im Kosmos*› 93
Schallgeschwindigkeit 30
Schallwellen 24
SCHKLOWSKIJ, JOSIF S. 93
Science 29
SETI (Search for Extraterrestrial

Intelligence) 89, 91–93, 103–106
Sonne 8, 11, 15, 30, 50, 53, 56 f, 74, 82, 91, 97
– Farben 61
– Oberflächentemperatur 54
– rote 69
– weiße 60, 68
Sonnenauf- und -untergang 68 f, 71 (→ Licht, rotes)
Sonnenlicht 31, 54, 56, 61–64, 68–70, 82
– Streuung 60 (→ Licht, Streuung)
Sonnensystem 30, 32, 50, 74, 76, 87, 93, 97
Steady-State-Theorie 20–23, 26 f, 40, 99
Sterne 8, 11 f, 14, 16, 18 f, 28, 34–36, 50–54, 57, 90–92, 99, 101
– Lebensdauer 35
Sternenlicht 14, 19 f, 36, 95, 107
Strahlung 35 f, 46, 49, 52 f, 80, 84, 99
– 21-Zentimeter- 91 f
SULLIVAN, WALTER 88

Tau Ceti (Stern) 88
Technologien 91, 95, 104
thermodynamisches Gleichgewicht 52 f, 80
TIPLER, FRANK J. 100 f, 105
TREFIL, JAMES 113
Treibhauseffekt 74
TURNER, KEN 39

Überbevölkerung 105 f
UFOs 102
Umweltzerstörung 104, 106
Unbewußtes 28
Unendlichkeit 16, 29, 34, 84, 99
– Unbehagen 16, 18 f
Universum
– Alter 8, 21, 28, 31 f, 34, 36, 45
– Anfang 8 f, 21, 23, 28 f, 36, 40, 42–44, 71, 80, 99
– das eine 43 f, 103
– Energie insgesamt 83 f
– ex nihilo 46, 81, 83 f
– Expansion 9, 18, 21, 23 f, 26 f, 29, 47, 52 f, 80, 82–85, 95, 97–101, 106
– «Fingerabdruck» 47
– frühes 46, 49–51, 80 (→ Inflation)
– Gleichgewichtszustand 57, 80
– Größe 21, 43, 101
– immer dunkler, immer kälter 52
– isotrop (gleichförmig) 51 f, 80, 83, 97, 99 f, 102
– Leben im 10, 52, 87, 90–92, 94 (→ außerirdisches Leben; SETI; Zivilisationen)
– Lichtmenge 31 f (→ Licht)
– Mitte/Zentrum 15, 18 f, 50, 97 f (→ Weltbilder)
– richtungs- und strukturlos 45, 51
– Struktur 50–52, 80, 98, 101
– und Beobachter 102
– ungleichförmig 51 f
Universum, endliches 14–16, 23, 28, 36, 98
– «geschlossenes» 16, 18
– zeitlich endlich 8 f, 16, 18, 32, 34 f
Universum, unendliches 8, 11, 14 f, 18 f, 23, 31 f, 34 f, 84, 99, 106
– offenes 18

– räumlich unendlich 8 f, 12, 16, 18, 36
Urknall (big bang) 21, 29, 40 f, 45, 47, 57, 99
Urknallmodelle 41, 100
Urknalltheorie 20 f, 23

Venus 73 f, 78 f

Wale 85, 87 f, 97
Wärmestrahlen 53
Wärmetod 52
WEINBERG, STEVEN 42, 50
Weltbilder 7, 15, 18, 94, 96, 99 (→ Kosmologie)
WILSON, ROBERT 39–42, 45, 49
Wolken 64, 66, 68, 78, 91

Zeit 83, 99, 103 f
– Richtung 83, 103 f
Zentralnervensysteme 84
Zentralperspektive 19
Zivilisationen 91, 95, 102–106 (→ Universum, Leben im)
Zoohypothese 102

science

Die Reihe rororo «science» bietet Lesern, die sich für Naturwissenschaft und Technologien interessieren, aktuelle und verläßliche Informationen. Die Autoren sind Wissenschaftler und Wissenschaftsjournalisten, die ohne Formelhuberei und Fachkauderwelsch, dafür mit Sachverstand, Witz und farbiger Sprache über verschiedene Bereiche der Forschung und deren Auswirkungen auf unser Leben berichten.

James Trefil
Fünf Gründe, warum es die Welt nicht geben kann *Die Astrophysik der Dunklen Materie*
(rororo science 9313)

Alexander R. Lurija
Das Gehirn in Aktion
Einführung in die Neuropsychologie
(rororo science 9322)
Der Mann, dessen Welt in Scherben ging *Zwei neurologische Geschichten*
(rororo science 9380)

Gero von Randow
Das Ziegenproblem *Denken in Wahrscheinlichkeiten*
(rororo science 9337)

Dietrich Dörner
Die Logik des Mißlingens *Strategisches Denken in komplexen Situationen*
(rororo science 9314)

Sebastian Vogel
Lexikon Gentechnik
(rororo science 9192)

Jean-Didier Vincent
Biologie des Begehrens *Wie Gefühle entstehen*
(rororo science 9383)

rororo sachbuch

David M. Raup
Der Untergang der Dinosaurier
Der Schwarze Stern "Nemesis" und die Auslöschung der Arten
(rororo science 9385)

Armin Hermann
Die Jahrhundertwissenschaft
Werner Heisenberg und die Geschichte der Atomphysik
(rororo science 9318)

Stephen W. Hawking
Eine kurze Geschichte der Zeit
Die Suche nach der Urkraft des Universums
(rororo science 8850)

Eckhard Grimmel
Kreisläufe und Kreislaufstörungen der Erde
(rororo science 9381)

James D. Watson
Die Doppel-Helix *Ein persönlicher Bericht über die Entdeckung der DNS-Struktur*
(rororo science 9570)

Hans Lauwerier
Unendlichkeit *Denken im Grenzenlosen*
(rororo science 9384)

Ausflüge ins All

Kosmologie und Astrophysik

Peter W. Atkins
Schöpfung ohne Schöpfer *Was war vor dem Urknall?*
(rororo sachbuch 8391)

John Boslough
Jenseits des Ereignishorizonts
Stephen Hawkings Universum
Deutsch von Hainer Kober
176 Seiten. Gebunden

Reinhard Breuer (Hg.)
Immer Ärger mit dem Urknall
Das kosmologische Standardmodell in der Krise
(rororo science 9323 / Mai '93)

Rudolf Diehl
Sonne, Mond und Sterne
Unser Sonnensystem - Ein Überblick
(rororo sachbuch 9305)

Hans Elsässer
Weltall im Wandel
Die neue Astronomie
(rororo sachbuch 8361)

Stephen W. Hawking
Eine kurze Geschichte der Zeit
Die Suche nach der Urkraft des Universums
(rororo science 8850 und als gebundene Ausgabe)

Stephen W. Hawking (Hg.)
Stephen Hawkings Kurze Geschichte der Zeit
Ein Wissenschaftler und sein Werk
Deutsch von Hainer Kober
224 Seiten mit zahlreichen Abbildungen. Gebunden

rororo sachbuch

Tor Nørretranders
Der Anfang der Unendlichkeit
Essay über den Himmel
(rororo science 9528 / Mai '93)

James Trefil
Fünf Gründe, warum es die Welt nicht geben kann
Die Astrophysik der Dunklen Materie
(rororo science 9313 und als gebundene Ausgabe)

Ein Gesamtverzeichnis aller lieferbaren Bücher und Taschenbücher der Rowohlt Verlage und des Wunderlich Verlags finden Sie in der *Rowohlt Revue*. Jedes Viereljahr neu. Kostenlos in Ihrer Buchhandlung.

James Trefil

Im Wundelrich Verlag lieferbar:

Physik im Standkorb *Von Wasser, Wind und Wellen*
Deutsch von Helmut Mennicken
Mit Illustrationen von Gloria Walters
288 Seiten mit zahlreichen Abbildungen. Gebunden
Wie kommt das Salz ins Meer? Warum gibt es Ebbe und Flut? Wieso rollen die Wellen immer parallel auf den Strand zu?
«Ein herrlicher Ausflug vom Strand bis ans Ende des Sonnensystems.»
The New York Times

Physik in der Berhütte *Von Gipfeln, Gletschern und Gestein*
Deutsch von Helmut Mennicken
304 Seiten. Gebunden
Ob es um das Geheimnis der rechtswindenden Bäume geht oder um den Urknall, um Schneebälle im August oder die Chaostheorie, um Fallschirmspringen oder um "umgekehrte" Meteoriten – Trefil versteht es, den Leser in seinen Bann zu ziehen und ihm einen völlig neuen Zugang zur Physik zu eröffnen.

1000 Rätsel der Natur
Deutsch von Helmut Mennicken
384 Seiten. Gebunden
In lebendiger Sprache werden die Grundlagen der Biologie, der Physik, der Geologie und Astronomie dargestellt. Wir erfahren aber auch, was der Daumen des Panda-Bären evolutionsgeschichtlich bedeutet, warum wir alt werden, warum Blumen einst für das Dinosaurier-Sterben verantwortlich gemacht worden sind und was Computerviren mit Krankheitserregern gemeinsam haben.

Im Rowohlt Verlag lieferbar:

Fünf Gründe, warum es die Welt nicht geben kann *Die Astrophysik der Dunklen Materie*
Deutsch von Hubert Mania
Mit Illustrationen von Judith Peatross und Bettina Harders
256 Seiten mit zahlreichen Abbildungen. Gebunden
«Trefils Buch ist eine faszinierende Chronik der geistreichen Versuche, mit den Problemen der heutigen Modelle des Universums zu Rande zu kommen - ohne technische Details, Formeln, komplizierte Diagramme und in einfacher klarer Sprache.»
Wiener Zeitung